U0632573

化学教学与创新模式

秦丽芳　王守兰 著

汕頭大學出版社

图书在版编目（CIP）数据

化学教学与创新模式 / 秦丽芳，王守兰著. -- 汕头：
汕头大学出版社, 2018.4

ISBN 978-7-5658-3607-7

Ⅰ.①化… Ⅱ.①秦…②王… Ⅲ.①化学教学－教
学研究 Ⅳ.①06-4

中国版本图书馆 CIP 数据核字(2018)第 092018 号

化学教学与创新模式
HUAXUE JIAOXUE YU CHUANGXIN MOSHI

著　　者：秦丽芳　王守兰
责任编辑：汪小珍
责任技编：黄东生
封面设计：瑞天书刊
出版发行：汕头大学出版社
　　　　　广东省汕头市大学路 243 号汕头大学校园内　　邮政编码：515063
电　　话：0754-82904613
印　　刷：廊坊市国彩印刷有限公司
开　　本：710 mm×1000 mm　1/16
印　　张：7
字　　数：240 千字
版　　次：2018 年 4 月第 1 版
印　　次：2019 年 3 月第 1 次印刷
定　　价：30.00 元
ISBN 978-7-5658-3607-7

版权所有，翻版必究

如发现印装质量问题，请与承印厂联系退换

前　言

　　百年大计，教育为本，教育大业，教师为本。2012年，我国提出了"中国梦"的概念，"中国梦"的实现必须要以教育的发展作为前提条件。党的十八大明确提出要努力办好人民满意的教育，实现我国教育强国的梦想。努力打造一支师德高尚、业务精湛、结构合理、充满活力的高素质、专业化教师队伍是实现我国教育强国之梦的根本保证。

　　师范大学作为培养教师的主要基地，肩负着为各级学校输出合格教师和提高国家教育教学水平的重任，其核心在于使培养的学生具有合格的教学能力。教学能力包括两个主要方面：教学理论以及教学技能。教学能力是评估学生是否能成为一名教师的重要因素，只有具备了一定的教学能力，才有可能成为一名合格的人民教师。

　　化学紧密联系人们的衣食住行，在国民经济的各个行业中具有广泛应用。由于化学知识应用之广，化学学科得到了迅猛发展，它已成为现代社会的一门中心学科。伴随着化学知识总量的增加，化学学科正在高度地分化。"在我国，化学被划分为无机化学、有机化学、分析化学、物理化学、高分子化学、核化学与放射化学、环境化学等八个二级学科，再加上生命化学、材料化学两个交叉学科，化学大体分成了十类，并且在每一类下还有众多的分支学科"。化学不仅分支学科很多，而且它所涉及的专业范围也十分广泛，因此在大学阶段设置化学课程的专业是非常多的，它涵盖了理、工、农、医、林的许多专业。从提高全体公民科学素养的角度，有些院校还在大学一年级给所有专业的学生开设普通化学公共课。

　　现阶段国家之间的竞争与联系无不依赖于文化的沟通与交流，教育的发展水平显示国家的竞争实力，教育体现国力的强弱。而创新意识和科研思维是素质教育区别于应试教育的根本所在，重视创新、尊重科学也是区别现代教育与传统教育的根本所在。因此，在化学的教学过程中，培养学生科学的探索精神、严谨的思维方式和敏锐的创新意识是培养化学专业学生创新意识和科研能力的关键。

本书在编写的程中参考借鉴了一些专家学者的研究成果和资料，在此特向他们表示感谢。由于编写时间仓促，编写水平有限，不足之处在所难免，恳请专家和广大读者提出宝贵意见，予以批评指正，以便改进。

目　录

第一章　化学教学过程和原则

中学化学教学过程的理论是揭示中学化学教学规律、指导中学化学教学的基本原理，是中学化学教学论的重要组成部分。中学化学教学原则是指人们在认识中学化学教学规律的基础上，在运用教学规律实施教学计划并实现教学目的过程中制定的一些基本准则。因此，研究本章对学习中学化学教学论有着重要意义。

第一节　化学教学过程

要研究认识中学化学教学过程，首先就必须了解什么是教学过程，教学过程的本质是什么。

一、教学过程的本质

关于教学过程的本质一直是争议较多的一个问题。由于各个派别的教学观不同，对教学过程本质的认识也就有所不同。就其教学观来看，大体上可概括为两大派，即传统派教学论和现代派教学论，也有人称为"形式派"和"实质派"。

传统派教学论认为，教学过程是单纯传授书本知识的过程。因此，只从教的角度来解释教学过程，不注意教学过程中学生的主动性。

例如，传统派教学论的代表赫尔巴特在裴斯塔洛齐"教育心理学化"思想的影响下认为，应根据受教育者的心理活动规律去规定教学过程，并用"统觉"来阐明教学过程，把教学过程分为明了、联想、系统和方法四个阶段（后来其追随者席勒和莱因又将其教学阶段增补演化成五个阶段）。

后来的苏联教育家凯洛夫在其主编的《教育论》中，虽然力图用马克思列宁主义哲学的认识论为指导去阐明教学过程的本质，但因受传统教学论的影响，仍然是偏重知识的传授，忽视智能的发展，偏重教师的主导作用，忽视学生的主动性。

现代派教学论认为，教学应以发展学生的身心为主要任务，强调学生在教学过程中的主动性，忽视教师在教学过程中的主导作用，只以学的角度来解释教学过程。

例如，美国教育家杜威就是现代派教学论的代表。他认为，教学过程是一个社会过程，一个参与生活的过程，是塑造人的性格、行为习惯和倾向性的过程，并指出教学过程的本质就是以儿童为中心活动的过程。

那么，教学过程的本质究竟是什么？列宁曾经指出：客观事物的本质是"这个事物对其他事物的多种多样的关系的全部总和"。就教学过程而言，它应该是一个包括教与学两个方面师生共同活动的过程，是一个根据一定的教育目标和任务，在教师的指导下，通过教与学的双边活动，组织和引导学生积极主动地学习系统的科学文化知识和基本技能技巧，并在此基础上发展能力、增强体质、完善心理个性、培养思想品德，使学生在德、智、体等几方面得到全面发展的过程。这就是说，教学过程的本质就是使受教育者在教育者的组织引导下，有计划、有目的、积极主动地发展自己，使自己逐步达到培养目标要求的全部活动。

二、中学化学教学过程

化学是建立在实验基础上的一门自然科学。在中学化学教学中，除了与其他各科教学过程的一致性外，还有其特殊性。该特殊性是由化学学科的特点、中学化学的教学目标（教学目的）以及教学任务所决定的。

化学学科的主要特点是：化学是以实验为基础的一门自然科学，其基础理论、基本概念较多、较集中，记忆性的化学用语较多，并且其内容中蕴藏着丰富的辩证唯物主义观点。这样我们不难看出，中学化学教学过程的特殊性主要表现在如下三个方面：

1. 化学实验在中学化学教学过程中占有特殊的重要地位。化学实验不仅是化学知识系统的一个重要组成部分，同时也是化学学科的重要研究方法及化学教学的一种有力手段。在中学化学教学过程中，学生对化学知识的感知、理解、巩固和应用化学知识并形成能力等几个基本阶段，都与化学实验密切相关。离开了化学实验，不仅直接影响到学生系统地学习化学知识及其有关的基本技能、技巧，并且还将使中学化学教学失去应有的活力。所以说化学实验在中学化学教学过程中占有特殊重要的地位。

2. 使学生掌握化学基本概念、基础理论及化学用语，发展学生的智能，是中学化学教学过程中的主要内容。

3. 在使学生掌握化学基础知识和基本技能、技巧的同时，发展学生的智力，培养其能力，并对其进行辩证唯物主义观点的教育，是中学化学教学过程的一个基本特点。

这样，我们根据中学化学的教学目标，把教学过程的共性与中学化学教学过程的特殊性结合起来，便构成了中学化学教学过程。

三、中学化学教学过程的模式

所谓教学过程的模式是指教学过程的结构、环节或阶段，是指在教学活动中完成一项教学任务所经过的基本步骤，或者说必须经过的几个阶段。

关于这一问题的讨论，古往今来同样也是争议较大的一个问题。由于不同的教学观对教学过程本质的认识有所不同，从而得出的教学过程的模式也就有所不同。

因为中学化学教学过程是一个包括教与学两个方面师生共同活动的过程，是使学生在教师的组织引导下，按中学化学教学计划、教学目标、教学任务积极主动地发展自己的双边活动过程，所以，中学化学教学过程的模式是这一双边活动的过程以及它们间的相互联系。

第二节　化学教学规律

所谓规律就是指事物发展过程中内在的、必然的、本质的联系。至于中学化学教学过程中的教学规律是什么，目前的说法较多，我们认为至少应有以下五条基本规律。

一、中学化学教学中学生的认识规律

（一）中学化学教学过程中学生的认识特点

马克思主义关于人类认识过程的一般规律是人类各种具体认识活动的总概括。学生在中学化学教学过程中的认识活动，就其整体来说，也遵循着由感性认识到理性认识的飞跃，再由理性认识到实践的飞跃。但教学活动毕竟是一种不同于其他一般认识活动的教学认识过程。就中学化学教学过程中学生的认识过程与其他的一般认识过程相比，具有如下几个方面的特点：

1. 认识的间接性

学生在中学化学教学过程中所要完成的认识任务主要不是探求新的真理或寻求新的发现，而是学习和继承前人已有的认识成果，是间接认识、理论认识。

2. 认识的受控性

由于在教学过程中，整个教学活动不论是化学基础知识、基本理论的教学，还是化学实验教学，都是在教师的组织和引导下进行的，是根据教学计划、教学目标和具体的教学任务进行的，这就使得学生的认识有明确的指向性和受控性。

3. 认识的教育性

教育性是教学过程中的客观必然性。在中学化学教学过程中，不论施教者的主观意愿如何，不论是否自觉，学生都在客观地接受着一定的思想政治教育，受到一定的政治立场、世界观、方法论的影响，以及社会意识形态、伦理道德观念的熏陶感染。

4.认识的化学特殊性

因为化学是建立在实验基础上的一门自然科学，是研究物质的组成、性质、结构、变化以及合成的一门科学。这就使得学生在中学化学教学过程中，对化学知识的认识必然符合自然科学的认识论和方法论，即认识的化学特殊性。

（二）中学化学教学过程中学生的认识规律

由上述关于中学化学教学过程中学生认识的特点，决定了学生的认识过程不同于人类一般的认识过程。从本质上来看，学生在教学过程中所要认识的对象是教材，是教材中记载的人类长期反复实践认识而积累的化学知识。从化学学科的特殊性来看，学生在教学过程中对化学知识的认识又应遵循自然科学的认识规律。正是这样一些特点，制约和决定了学生在中学化学教学过程中的认识规律（如图1-1所示）。

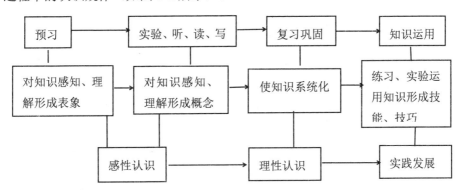

图1-1 中学化学教学过程中学生的认识规律

由图1-1可知，四个阶段具有有序性和整体性，它们之间是相互独立而又相互依存、密切联系和相互渗透的。只有经历这四个阶段依次转换，学生才能完成自己的认识任务。这就是在中学化学教学过程中，学生相对完整地独立认识过程的规律性。

二、教师的主导作用与学生的主体地位相结合的规律

在中学化学教学活动中，教和学是两个既相互独立又密切联系、相互促进、相互转化的一对矛盾。教和学的矛盾是教学基本矛盾的集中反映，矛盾的主要方面在教学、在教师，矛盾的解决形式是教向学的转化，即把教师所掌握的知识转化为学生掌握的知识。这也就是说，在中学化学教学过程中，教师是处于主导者的地位，起主导作用；学生是处于主体地位，起主体作用。

如何把教师的主导作用和学生的主体地位有机地结合起来是充分调动和发挥师生双方积极性的关键，也是搞好教学工作的一个关键问题。要正确地认识和处理好这一对矛盾的关系，在教学过程中应正确地理解和解决好以下几个方面的问题。

（一）教师的主导作用具有客观必然性和必要性

教师的主导作用是对主体的学的组织、领导和指导作用。在教学过程中，教学的方向和内容、方法和进程、质量和结果等，都主要由教师按教学计划、目标和任务来决定和负责。这是因为教师受社会、国家和党的委托，闻道在先，并且教师应该受过专门的教育训练，对教和学的方向、内容及方法等应已掌握。而学生是受教育者，处在青少年时期，对知识的掌握较少，经验欠缺，还不完全具备独立学习的能力。在这种情况下，决定了只有在教师的启发引导下，学生才能克服学习中的种种困难，沿正确的方向前进。

（二）学生是教学过程中的主体，教为学而存在、为学而服务

在教学过程中，学生是学习的主体，教师组织的一切教学活动都必须通过学生来进行和落实，教学效果、教学质量也要体现在学生的认识转化及行为变化上。这就是说，学生是教学过程中的主体，教师的教是为学而教、是为学而服务的，离开了主体的学，也就无从谈什么教。

（三）教师主导和学生主体是辩证统一的

在教学过程中，学是在教之下的学，教是为学而教，教和学是相互联系

的，但又是不能相互取代的。教师既要对主体的学进行积极主导，同时又要承认学生的主体地位，使主导与主体有机地结合起来。所谓"名师出高徒""师傅引进门，修行靠个人""读书全在自用心，先生只是引路人"等名言警句就是这个道理。

三、传授知识与发展智能相统一的规律

所谓传授化学知识与发展学生智能相统一的规律，是指在中学化学教学过程中，在传授化学知识与技能的同时，应有计划、有意识地促进学生智能的发展，而学生的智能发展又会反作用于他们对知识技能的学习、理解和掌握。

智能包括智力和能力。智力是个体在认识过程中认识能力的总称，其结构是以思维能力为核心，包括观察力、注意力、想象力和记忆力等智力因素有机的结合。

能力是保证人们成功地进行实际活动的有关心理特征。能力可分为一般能力和特殊能力两类。一般能力是顺利完成各种活动所必备的基本能力的综合，特殊能力是顺利完成某种特殊活动所必备的能力的综合。

能力包括智力，智力属于能力的范畴。智力是内隐的，而能力是外显的。智力和能力是相互联系、相辅相成的。

在教学中，为什么要提出传授化学知识与技能要与发展学生的智能相统一呢？这主要是基于下述三个方面的原因。

（一）知识和智能是两个本质不同的概念

从心理学的观点来看，知识是头脑中的经验系统，而智能是顺利完成某种活动有关的心理特征。人们为了保证某种活动的顺利完成，对头脑中的经验系统（知识）必须进行加工（比较、分析、综合、抽象、概括等），在这个加工过程中表现出来的针对性、广阔性、深刻性、敏捷性和灵活性等心理特征的综合才是智力。可见，智能与知识之间虽然关系密切，但知识毕竟不是智能。

关于知识、智力和能力三者的待证关系，有人曾用函数关系的形式来描述：

能力（A）＝实践（P）·［知识（K）·智力（I）］

（二）知识与智能的发展规律不同

人们对知识的掌握是由少到多、由简单到复杂，并且一般随着年龄和经验的增长而逐渐增多。智力的发展则跟人们神经系统的发育、成熟和衰退有关，它受人的年龄所制约，有一定的限度，并随着神经系统的衰退会停滞或衰退。

（三）知识和智能是密切相关的

知识、技能和智力、能力虽然概念不同，发展规律也不相同，但它们之间确是密切相关、相互影响、相互促进的。孔子曾经说过"多学近乎智"，认为学习知识可以促进和发展智力，并指出"学而不思则罔，思而不学则殆"（见《论语·为政》）。

事实上，人的智力和能力的发展，总是要以掌握一定的知识和技能为中介的。知识和技能的学习是智力和能力发展的凭借和基础，知识和技能的掌握有利于促进智力和能力的发展。离开了知识和技能的掌握，则发展智力和能力就无从谈起。反过来，掌握知识和技能，又必须依靠智力和能力的发展。智力和能力同样也是掌握知识和技能的重要条件，智力和能力的发展水平直接影响着掌握知识和技能的深度、广度和速度。如一些报道上的"狼孩"现象正说明了这一问题。

四、化学教学的教育性规律

任何学科的教学都永远具有教育性。教学是完成教育的一种手段和途径（但不是唯一的手段和途径），教书必然育人，它是教学过程中客观存在的一条重要规律。

对于中学化学教学的教育性，我们可从如下几方面来理解：

（一）教育作为社会的上层建筑，必然要受到经济基础的制约和决定，有什么样的经济形态，便会有什么样性质的教育和教学

马克思主义认为，在阶级社会中，统治阶级的思想必然占统治地位。谁掌握了生产资料和国家政权，它必然要掌握教育的领导权，必然要按照本阶级的利益规定教育目的、教学目标及教学内容，并按本阶级的世界观对教育进行改造。因此，统治阶级的政治、哲学、世界观及道德观念等必然会给教学带来重大的影响。

（二）教学活动是人类的一种特殊的认识活动，在这个认识活动中，学生具有主观能动性

我们知道，在教学活动（就算是中学化学教学活动）的认识过程中，学生绝不是机械地、照相式地、完全自然地反映客观（化学）世界，而是带有一定的主观能动性。他必然是以其政治立场、思想观点和认识方法出发，有其自己的意识情感和各种心理活动参与其中。而认识过程的完成和结果，反过来又对认识者的观点、立场、认识方法和思想情感有着积极的影响。

（三）教师的言行品德、立场观点、治学精神等是教学过程中最经常、最重要的教育因素

由于青少年学生具有很强的模仿性、易感性和可塑性，故教师的言行举止都会对学生产生潜移默化的影响。所谓身教胜于言传，其道理就在这里。

综上所述，中学化学教学过程与其他各科的教学过程一样，在客观上永远具有教育性。中学化学教学是实现教育目的的途径之一。教学过程的教育性是通过知识的传授和学习体现出来的，知识的传授和学习与教育是相互联系、相互影响的。这就要求教师在中学化学教学过程中，注意结合化学知识和技巧的传授，寓教育于智育之中，不可将两者割裂开来。

五、化学知识教学应与化学实验同步的规律

化学是建立在实验基础上的一门自然学科。从中学化学教学过程的特点来看，要使学生较好地掌握和系统地学习化学知识及其有关的基本技能、技巧，了解和掌握自然科学的认识论和方法论，这就要求在中学化学教学中，化学基础知识的传授应与化学实验同步。这一规律是中学化学教学过程中的特殊的重要规律。

第三节　化学教学原则

化学教学原则是在化学教学规律的基础上，在运用教学规律实施教学计划并实现教学目标的过程中制定的一些基本准则。它不仅是重要的教学理论问题，同时也是重要的教学实践问题。

教学原则与教学规律不同，教学规律是不以人们的意志为转移的客观存在，是教学过程中固有存在的本质和必然的联系。教学原则是人们制定的、属于主观意识形态的东西。教学规律是制定教学原则的客观依据和基础，科学正确的教学原则是教学规律的体现和反映。

根据中学化学的教学计划、教学目标、教学规律以及学生的心理和生理实际，在中学化学教学过程中应认真贯彻以下教学原则。

一、科学性与思想性统一的原则

中学化学教学中的科学性，主要指向学生传授的化学教学内容必须符合现代科学水平，反映客观事实，是正确、可靠的真理性知识和技能、技巧。而思想性主要是指在中学化学教学中坚持贯彻使学生德、智、体全面发展，保证中学教育"双重"任务的教学方向。

科学性和思想性相统一，是社会主义学校的性质和任务所决定的，是中学化学教学规律的反映，也是我们教育目的的基本要求。

坚持科学性与思想性统一的原则，有利于全面理解教育目的的精神实质；有利于处理好化学知识、技能的传授和思想教育在教学中的地位关系，对教书育人有着积极的促进作用。

二、理论联系实际的原则

理论联系实际是辩证唯物主义认识论的基本原理，是人类认识规律的反

11

映，更为中学化学教学过程中学生的认识特点所决定。

中学化学教学大纲指出，理论联系实际是化学教学非常重要的原则。在教学过程中，要十分注意联系实际，以便学生更好地掌握所学的知识和技能，以及这些知识和技能在工农业生产、第三产业、科学技术和日常生活中的应用。并强调指出，要注意防止理论脱离实际和只强调实用而忽视理论这两种偏向。

在中学化学教学过程中，认真贯彻理论联系实际的原则，有利于加速学生对化学知识的掌握和运用，培养学生的智能；有利于激发学生的学习兴趣，提高学习效率；同样也有利于把学校教学同社会联系起来，加强对学生的思想教育。

三、系统性和循序渐进相结合的原则

所谓系统性是指教学活动要有序地进行，要把教学过程当作一个系统工程来对待，其进程要持续连贯。教学的系统主要应以化学知识的逻辑体系为依据，保证化学知识系统的主导地位，同时又应注意学生掌握知识和智能发展的顺序。

循序渐进主要是在教学过程中，教学方法要符合学生认识和智力发展的顺序，由低到高、由近及远、由易到难、由简单到复杂，逐步实现由不知到知之的转化，达到全面系统地掌握知识。

系统性和循序渐进相结合的原则，是指在中学化学教学中，一方面要注意初中、高中两个阶段教学内容的安排要符合化学知识的逻辑体系，要注意它的整体性和系统性；另一方面，要注意学生掌握知识和智力发展的顺序，并把两个方面有机地结合起来，融会贯穿到整个教学过程中。

事实上，我国现行的中学化学教材就是根据这些设计的。

四、直观性和抽象性相统一的原则

直观性和抽象性相统一的原则是依据学生的认识规律提出来的。它要求利用学生多种感官，通过各种途径和形式，直接感知教材，增强直接经验，获得生动的表象，并在此基础上进行分析、综合、抽象和概括，形成科学概念，把生动直观和抽象的思维结合起来，掌握知识的本质。

在化学教学中，其内容多为原子、分子和离子层次的变化运动，是摸不着、看不见的。这就很自然地要求在教学过程中，教师不仅要有生动形象的语言直观，而且还应加强实物直观（如实验、实习、见习参观等）和模象直观（如模型、图表、幻灯片等）教学手段，把微观的东西和抽象的概念直观化和具体化。只有这样，把生动的直观和抽象的思维活动结合起来，才有利于使学生形成清晰的表象，从而进一步形成科学概念，并较深刻地掌握化学知识，促进其智能的发展。

五、统一要求和因材施教相结合的原则

统一要求是指在教学过程中，要根据教学计划、教学目标和教学任务对教学活动的进展和学生知识的掌握有一个统一的要求。统一要求是面向学生的整体。因材施教则是指根据学生的个性特点进行教学。因材施教与西方教育家提出的"量力性原则"的涵义基本精神是一致的。

在中学化学教学过程中，认真贯彻统一要求和因材施教相结合的原则，对提高教学质量有着积极的意义。统一要求是这一原则的前提，是面向全体学生的。因材施教是中心，只有在统一要求这一前提下认真搞好因材施教，才有可能做到大面积地提高和培养出出类拔萃的优秀人才。

除了上述教学原则外，不少教育工作者还总结提出了其他一些教学原则，如主导作用与主体地位相结合的原则、知识的传授与巩固相结合的原则等，这里不再赘述。

上述教学原则都是相互联系，并且是相互促进、相互制约的，它们在教学过程中往往是同时起作用的。这就要求教师在教学过程中不能静止地、孤立地、教条式地对待这些教学原则，而是应根据教学过程的客观规律，正确地掌握教学原则，这样才能有效地提高教学质量。

第二章　化学教学策略

　　教学策略是重点研究如何教、如何学、如何实现学习目标一类的问题。教学策略的选择和制订是教学设计的中心环节，也是当前研究的热点问题之一。

　　教学策略的设计以学习理论为依据，既要符合教学目标、教学内容的要求，适合教学对象的特点，又要考虑教学条件的可能性，因而是一项系统考虑诸多因素，在总体上择优的、富有创新性的工作。已颁布的化学课程标准明确把"倡导以科学探究为主的多样化学习方式"作为化学课程改革的突破口，无疑应成为教学策略设计的重点。本章在分析教学策略内涵的基础上，试图对化学教学策略进行分类，探寻化学教学策略设计的理论基础、基本要求和具体操作。

第一节　教学策略概述

　　教学策略是现代教学论研究的新课题，至今尚无统一的概念和定义。下面列举几个较有代表性的定义。

　　乌美娜教授认为，教学策略是对完成特定的教学目标而采用的教学活动程序、方法形式和媒体等因素的总体考虑。

　　张大钧教授认为，教学策略是在特定教学情境中为完成教学目标和适应学生学习需要而制定的教学程序计划和采取的教学实施措施。

　　皮连生教授认为，教学策略是教师采取的有效达到教学目标的一切活动，包括教学事件先后顺序的安排、传递信息的媒体的选择和师生相互作用的设计等。教学策略也可称为广义的教学方法。

刘知新教授、毕华林教授认为，教学策略是指教师采取的、为有效达到教学目标的一切活动，包括教学事件先后顺序的安排、教学方法的选择和师生相互作用的设计等。

李晓文、王莹在其《教学策略》一书中，更是对教学策略作了比较全面的阐述，他们认为教学策略具有动态的教学活动过程维度和静态的内容构成维度。在动态的教学活动过程维度上，它指教师为提高教学效率而有意识地选择筹划的教学方式方法与灵活处理的过程。其明显特征是：①对教学目标的清晰意识和努力意向；②具有对有效作用于教学实践的一般方法的设想；③在目标实现过程中对具体教学方法进行灵活选择和创造。具体来说，在教学实践中教学策略往往表现为具体教学方法和技能的实施过程，但又不同于具体的方法和技能，不同之处主要在于：①策略性行为对于方法的施行是在明确的教学目标和教育理念支配和监控之下完成的，这就使方法带上了计谋的色彩；②教学策略性行为是教学过程中的有效行动。教学策略是对有效教学方式的概括和推理；③教学策略不是固定不变的，必须因地制宜，因人而异。由于具体的教学情境是复杂的，计划实施过程之中行动的变化和方法的灵活选择是必然的，所以，教学策略具有很大的创造性特征，它是教师智慧和教学艺术的充分体现。

教学策略静态的内容构成维度是动态的教学活动过程维度的反映。教学策略在内容构成上具有三个层次：第一层次指影响教学处理的教育理念和价值观倾向；第二层次是对达到特定目标的教学方式的一般性规则的认识；第三层次是具体教学手段和方法。

也有人对教学策略的定义作了如下小结，认为国内外有关教学策略的定义大致有三类：

（1）认为教学策略是一种教学思想，是教育观念和原则，通过教学方法、教学模式和教学手段来实现。

（2）认为教学策略是为实现教学目标而制定的教学实施的综合性方案。

（3）认为教学策略是教学步骤、教学模式和教学方法。

尽管对教学策略的认识，仁者见仁，智者见智，但仍然具有一些共性的东西，我们认为，教学策略是在一定教学理念指导下和在一定教学实践经验的基础上，为有效达到教学目标而对教学活动的顺序安排、教学方法的选择、学习方式的确定等采用的行为方式。

第二节　化学教学策略

一、化学教学策略的分类

对化学教学策略进行分类，其目的在于对化学教学策略进行更为系统、深入的研究，为广大化学教师提供可供选择或参照的范式。

教学策略，从不同的角度可以有不同的分类方法，我们倾向于根据加涅的五种学习结果进行分类和根据学生的学习方式进行分类的方法。

（一）根据学习结果进行分类

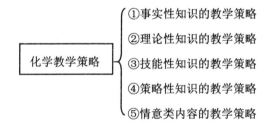

化学教学策略 ⎰ ①事实性知识的教学策略
　　　　　　　 ②理论性知识的教学策略
　　　　　　　 ③技能性知识的教学策略
　　　　　　　 ④策略性知识的教学策略
　　　　　　　 ⑤情意类内容的教学策略

（二）根据学习方式进行分类

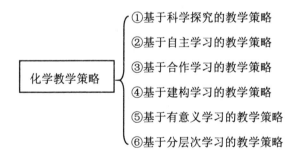

化学教学策略 ⎰ ①基于科学探究的教学策略
　　　　　　　 ②基于自主学习的教学策略
　　　　　　　 ③基于合作学习的教学策略
　　　　　　　 ④基于建构学习的教学策略
　　　　　　　 ⑤基于有意义学习的教学策略
　　　　　　　 ⑥基于分层次学习的教学策略

二、化学教学策略设计的内容

从教学策略的内涵可以看出，化学教学策略设计的主要内容包括：教学方法的选择、教学顺序的确定和教学活动的安排等，下面逐一进行阐述。

（一）化学教学方法的选择

首先，我们要明确教学策略与教学方法的关系。教学策略是对教学活动的操作程序、方法、技术、手段等方面的概括性的规定。教学策略包含一定的理论和谋略成分，在概括性和包容性等方面高于教学方法，是教学方法的上位概念，而教学方法是教学策略在教学实践活动中的进一步具体化。因此，我们既不能把教学策略与教学方法对立起来，也不能认为教学策略等同于教学方法。

其次，我们要知道化学教学常用的方法有哪些，它们是如何分类的。根据刘知新教授主编的《化学教学论》（第二版，高等教育出版社，1997）和《化学教学系统论》（广西教育出版社，1996），我们将上述问题概括图示（图2-1）如下：

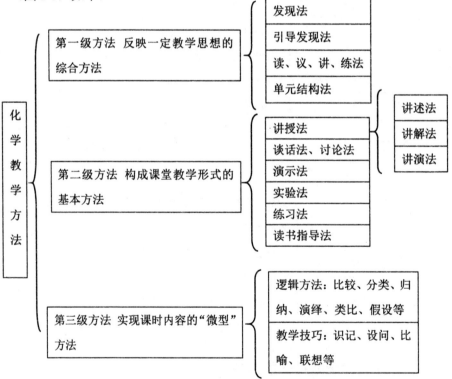

图 2-1　化学教学方法分类图

再次，我们要明确化学教学方法的优选标准。一般从教学系统的六个要素（教学目的、教学内容、教学方法、教学环境、教师、学生）去考虑。

1.根据教学具体的目的、任务优选

虽然一直以来有许多专家、学者致力于研究教学方法，但至今为止，还没有发现一种能有效地达到所有教学目的的"万能"教学方法。正如巴班斯基所说，每一种教学方法都可能有效解决某些问题，而解决另一些问题则无效，每种方法都可能会有助于达到某种目的，却妨碍达到另一些目的。因此，不同的教学目的都应有相应的教学方法来得以实现，而不可能单凭一种教学方法。例如，向学生提供一些感性材料的新知识传授，就应多用演示或参观法；为了帮助学生复习巩固旧知识，就可采用问答、讨论、练习等方法；要使学生从感性认识上升到理性认识，就要采用讲授、谈话等方法；为了培养学生的技能、技巧和动手操作能力，就离不开实验、实习和练习等方法。

同时还应看到，根据教学目的来选择教学方法，关键就在于将总的目的和任务具体化。因为高度概括的教学目的、任务，对选择方法只具有方向意义，而无直接决定作用，对教学方法的选择起直接导向作用的应是具体的教学目标，即学期的、单元的、课时的教学目标。

2.根据教学内容的特点优选

我们知道，一方面，不同的学科本身具有不同的抽象性和形象性的特点，以及在知识内容、智力操作、态度等方面的不同特征。因而，不同学科的教材，往往在教学内容上有所差别，而不同学科在教学内容上的差别，又必然会引起学生在掌握这些教学内容时的心理过程的不同。因此，不同的学科往往需要采用不同的教学方法，才能有效地被表达和被理解。

此外，即便在同一学科里，教学内容也有不同的特点，如化学基本概念和理论、元素化合物知识、有机化学、化学实验和化学计算等。显然，不同的化学内容必然要选用不同的教学方法才能取得预期的效果。

3.根据教学方法的职能、适用范围和使用条件优选

任何一种教学方法都有特定的职能、适用范围和使用条件，也有一定的优点和缺点。例如，讲授法可以在极短的时间内传授大量的系统知识，并能促使学生抽象思维的发展，但不利于学生主动性、独立性、积极性、实践性的发挥，也不利于学生技能、技巧的发展。而目前备受推崇的探究法、研究

性学习等，虽然有利于发挥学生主体作用，并对发展学生的潜能、培养学生独立学习能力起积极作用，但也会受到很多因素的制约，如学生的思维能力、已有的知识经验、教学内容的难度及实验室条件等。所以说，教学方法只有更好，没有最好。

4. 根据教学环境的可能条件优选

一般来说，教学环境就是指教学活动的各种外部条件。教学环境对教学方法的重要意义在于教学环境为教学方法提供了一定的物质和信息基础，对教学方法具有制约作用。因此，教学方法的选择和运用就必须从现有的教学环境出发，根据教学环境的可能条件来优选。例如，实验法对学校相应的设备和实验室条件要求较高，因而不是所有的学校都能开展。

教学方法的选择也并非只是消极地服从、受制于特定的教学环境，教学方法与教学环境之间应该是一种积极的相互影响、相辅相成的关系。因为根据系统论的观点，环境也是系统运行的产物，这些产物不仅影响环境状况，而且通过相互作用成为环境的一个组成部分。因此，在一定条件下产生和运用的教学方法，往往又会反过来对教学环境提出新的要求，从而促进教学环境的改进和发展。

5. 根据教师自身的素养条件优选

在教学实践中我们往往可以发现，有些教学方法虽然本身很好，但由于教师不能正确使用，仍然不能在教学中产生好的效果，甚至可能适得其反。而有些被认为是"不好"甚至"糟糕"的教学方法，在一些教师手里有时会运用得恰到好处。这就要求教师在选择教学方法时，不能单凭教学方法本身的特点，还应从教师自身的素养条件出发，扬长避短，发挥个人优势，选择与自己个性、特点相适应的教学方法，这样才能更好地发挥教学方法的作用。例如，有的教师形象思维能力较强，就可以采用生动形象的语言把问题的现象、事实描绘得生动具体，然后从事实出发，由浅入深，揭示事物的内在规律；而有些教师不善于作具体形象的语言描述，却擅长于运用直观教具的演示与讲解相配合，引导学生学会仔细地、有目的地观察，也同样清晰地讲清了问题，扬长避短，从而发挥了个人优势。

此外，根据教师自身的素养条件来选择教学方法，也并不只是意味着单从教师自身的特点出发来选择适当的教学方法，而且还意味着教师要积极地学习，通过不断地总结经验，尽可能地掌握更多的与自身特点相匹配的教学方法，以努力提高使用教学方法的素养条件。总之，教师不能永远在自己已熟识的教学方法上"裹足不前"，而应创造性地根据自身特点和教材内容特点，对教材进行认真地钻研，以探索有效的教学方法和手段，从而促进学生更好地发展。

6.根据学生的准备状态优选

认知心理学家在研究学生学习的过程中提出了"准备状态"这一概念，它指的是学习者在从事新的学习时，他原有的知识水平和心理发展水平对新的学习的适合性。"准备状态"强调要使教学取得成功，教师必须了解学生的准备状态，并根据学生的准备状态进行教学。为此，我们对教学方法的选择和运用必须立足于学生的准备状态，充分考虑到学生的可接受性和适应性，从而使教学方法的运用能取得预期的结果。

（二）化学教学顺序的确定

化学教学顺序的确定与所选择的教学模式有关。所谓教学模式是在一定的教学理念指导下，围绕某一教学主题，形成相对稳定的、系统化和理论化的教学范型和活动程序。

（三）教学活动的安排

化学教学活动是化学教学系统运行过程中施教主体、学习主体分别作用于其他要素，以及两主体双向互动所采取的行动的总称。简单地说，化学教学活动包括教师的施教活动、学生的学习活动，以及教师和学生为了搞好教学在课内构建的相应人际关系的活动。其中，教师施教的活动有：讲授、谈话、讨论、展示、演示、答疑、组织和指导学习活动、检查学习效果、提供反馈信息等；学生学习的活动有：听课、阅读、观察、笔记、思考、实验、练习、表达、记忆、质疑等；师生双向互动的教学活动有：讨论、争论、实验、问答、参观、调查、共同探究等。

第三节　化学教学策略的设计

一、根据学习结果分类的化学教学策略的设计

（一）中学化学事实性知识的教学策略

所谓化学事实性知识是指与物质的性质（包括物理性质、化学性质）密切相关的反映物质的存在、制法、保存、用途、检验等多方面知识，也即通常所说的元素化合物知识，这一类知识的主要教学策略有以下几方面。

1. 理论指导策略

元素周期律对学习元素化合物知识具有指导作用。"律前"的元素及其化合物知识的教学主要采用归纳法，即思维方法采用从个别到一般，由具体到抽象，从而培养学生的逻辑思维能力。对"律后"元素及其化合物的教学，可运用已学的元素周期律和结构决定物质的性质等化学理论进行演绎推理，引导学生概括出某主族元素的通性和性质递变规律，并根据某物质的结构特征预测其性质、存在和用途，往往能取得良好的效果。

2. 直观教学策略

对于事实性知识的学习，学生往往感到易学难记，难以形成清晰的印象和完整的结构，这与事实性知识点多面广、条理性差的特点有关。因此，应充分利用各种实物、模型、图表、化学实验和多种媒体，运用多种教学手段，帮助学生明确感知化学事实，加深对事实性知识的印象，便于理解记忆。

（1）印证知识，强化记忆

①运用化学实验进行教学。如做好铝与盐酸反应实验，让学生触摸反应过程中试管的发热情况，看到温度计测得反应溶液的温度升高，学生不用死记硬背就可理解什么是放热反应。

②用模型进行教学。在有机化学中运用分子的球根模型或比例模型来理

解各类有机代表物的空间结构，直观展现同分异构体的变化，突出重点，突破难点。

（2）创设情境，激发兴趣

创设情境，就是要把学生的注意力集中到当天所要解决的问题上来，使学生的心理活动处于"观察→兴趣→疑问→思维"的积极状态，使"注意"与"思维"处于高度活跃状态。例如，对于中学课本上的反应 $SO_2+Br_2+H_2O=2HBr+H_2SO_4$，学生既难记忆，又易忘记，若设计如下实验则效果明显：首先，把 SO_2 通入溴水或碘水中，两溶液褪色。接着，把 SO_2 通入蓝色的碘的淀粉溶液中，蓝色褪去；将 Na_2SO_3 溶液滴入碘水中，碘水颜色褪去。最后，将 Na_2SO_3 溶液滴入盐酸酸化的 $BaCl_2$ 溶液中无沉淀。向 Na_2SO_3 溶液中滴入溴水或碘水，再加入盐酸酸化的 $BaCl_2$ 溶液，却生成了白色沉淀。做好这些实验，给学生留下了鲜明、深刻的印象，激起学生的好奇心，活跃学生的思维，使 Br_2 与 SO_2 在水中的反应容易记忆，而且加深了学生对 SO_2、Na_2SO_3 还原性和对卤素单质的认识。

（3）探究知识，启迪思维

在中学化学教学中利用学生的好奇心及想要探索其中奥秘的愿望可以启迪学生的思维。例如，在按教材完成金属钠在盛水小烧杯中的实验后，提出在"盛 $CuSO_4$ 溶液的试管中，加入比黄豆粒稍大的金属钠后有何现象"？学生通常最多只能运用新旧知识分析得出如下反应：$2Na+2H_2O=2NaOH+H_2\uparrow$，$CuSO_4+2NaOH=Cu(OH)_2\downarrow+NaSO_4$，从而得出现象为：除具有钠与水反应的现象外，还可看到蓝色沉淀。但实验结果表明，还有可能出现氢气燃烧发出的爆鸣声和金属钠在试管内燃烧的现象。通过这种实验，使学生一直处于探究、积极思考之中，学生不仅观察到实验现象，而且能够思考解释产生现象的原因，还能辨别出由于反应条件的不同而导致化学反应不完全相同。

3.知识网络策略

实践表明，对于化学事实性知识，根据教材的编排特点及知识之间的内在联系使学生能够将所学的知识串成线，连成网络，揭示内在联系，能取得良好的教学效果。

例如，在学完高一《卤素》后，及时给学生作小结。

（1）将卤素单质及其化合物之间的转化关系连成知识线。

$$NaCl \leftarrow HCl \leftarrow HClO \begin{cases} \rightarrow NaClO \\ \rightarrow Ca(ClO)_2 \\ \rightarrow KClO \end{cases}$$

（2）抓住 Cl_2 的典型的教材编写顺序：结构→存在→性质（物理性质、化学性质）→制法→检验→用途。

（3）在学完高二氮族元素之后，非金属就全部学完了，这时点破氮族元素教材的编写与其他非金属元素一样符合"盐→氢化物→单质→氧化物→氧化物对应的水化物→非金属对应的重要的含氧酸盐"的顺序，这样就可以将整个高中非金属元素化合物知识组成纵横交错的知识网络，使学生能够较完整地把握元素化合物知识，加上元素的特性，使学生能够灵活地、综合地运用这部分知识，真正做到触类旁通，有利于知识的迁移。

4. 联系实际策略

运用知识解决问题是教学的最终结果之一，也是学生掌握知识、深化知识的有效途径。联系化学与生产、生活、社会等讲解知识，既能激发学生的学习兴趣，又有利于开阔学生的视野，帮助学生理解知识、掌握知识，提高学习效率。例如，酸雨与古建筑物、雕塑的损坏关系；用一种试剂区别一组物质；从我国"神舟五号火箭发射升空"与化学反应的能量关系来帮助高一学生学习"化学反应中的能量关系"这部分内容等。这些能够使学生深刻地体验到学有所用之乐趣。

（二）中学化学理论性知识的教学策略

中学化学理论性知识构成如图 2-2 所示。

其中每一项又包含许多具体内容，这里不再细述。

1. 化学基本概念教学策略

化学基本概念是中学化学知识体系中的基本单元，是知识网络中的"节点"。化学基本概念有助于化学知识的结构化、系统化，有助于运用化学知识解决化学问题。

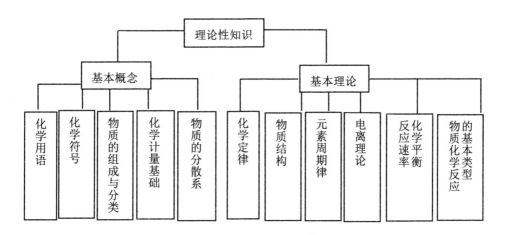

图 2-2　中学化学理论性知识构成图

（1）概念的形成策略。

概念的形成是指学生从大量的同类事物的具体例证中，以辨别、抽象、概括等形式得出同类事物关键特征的学习方式。我们经常运用以下几种方法。

①运用生动的直观形象，使学生感知所学概念的有关信息。这些生动的直观形象可以是教师的演示实验、图表、模型、投影、录像及多媒体课件等。例如，初中化学就是运用"镁条燃烧""研细胆矾"，以及"石蜡的三态变化及燃烧"等实验，在实验现象的对比中，使学生感知物理变化和化学变化的本质特征在于有无"新物质"的生成，从而形成物理变化和化学变化这两个概念。

②分析化学概念的"关键字、词"，把握特征信息，将有关知识抽象化。例如，前面已述的"电解质"概念中的关键词，通过分析，使学生能够对特征信息进行抽象，有助于对概念的内涵与外延的掌握。

③引导学生发展和深化概念，在运用中建立概念系统。例如，学过了"化学平衡"概念后，通过对比后学的"电离平衡""水解平衡"，以及在习题中遇到的"沉淀溶解平衡"等，找出它们之间的共同特征，从而使学生建立平衡概念系统。

（2）概念的同化与顺应策略。

化学概念的同化是指把所学的化学概念纳入到学生已有认知结构中的适当的概念图示中，使学生的知识概念系统化、结构化，原有的概念的本质属性没有发生改变。例如，在高二学习烃和烃的衍生物时，首先列举出一些初三化学中已学的简单有机物，激活学生原有知识结构的有机化合物概念，通过分析、归纳，强调烃和烃的衍生物都属有机化合物，把烃和烃的衍生物概念纳入到学生已有的有机化合物认知结构中，反映新旧概念间的本质关系。

化学概念的顺应是对学生原有认知结构进行调整、改造、重建，即深化其内涵，或扩展其外延，以适应新概念的学习。例如，在初三化学学过元素与原子的概念，由于受到所学知识的限制，学生在头脑中不自觉地形成了一种元素只有一种原子的错觉。当在高中化学学习同位素的概念时，就要修改学生原有的认知结构中元素与原子的关系，从而构建新的合理的认知结构，这就是概念的顺应。

（3）概念的情境优化策略。

化学概念具有抽象性和概括性，在概念教学过程中以和谐、优化的教学情境为基础，可以帮助学生更好地理解和掌握概念。

化学概念教学情境可分为两类：一类是感性情境，即充分发挥化学学科的特点和优势，通过演示实验、展示模型、绘制图表、运用比喻或拟人等教学方法，并结合现代化的教学手段，如投影、录像、多媒体等，使学生充分获得对形象材料的感知，创设感性情境，激活学生思维，为感性材料上升到抽象概念创造条件。另一类是理性情境，即在感性情境形成初步感知的基础上，通过师生共同的分析、归纳、抽象、概括等思维活动，提炼出本质属性，剔除其非本质属性，从而自然形成概念。例如，在学习离子键概念时，先演示钠在氯气中燃烧生成稳定的氯化钠的实验，然后展示用原子结构示意图表示的氯化钠的形成过程教学图，创设概念的感性情境，最后运用概念的理性情境，通过分析氯化钠的稳定性是由于 Na^+ 与 Cl^- 吸引和排斥作用，即静电作用的结果，从而概括出离子键的概念：使阴、阳离子结合成化合物的静电作用，叫做离子键。这一过程可谓行云流水，一气呵成。

（4）概念的阶段性与完整性策略。

中学化学教学中有的概念的学习往往不是一次就能完成，而是随着学生知识的积累和认识能力的提高而逐步完善。如前述氧化还原反应概念，教师在教学过程中应注意这个概念的阶段性含义及适应范围，通过逐步学习才能形成对这个概念的完整认识。教学中切忌一步到位、急于求成而随意地超前拔高教学难度，否则，由于缺乏必要的学习准备，学生必然会思维紊乱，造成认知上的失调。因此，在概念教学中，需要全面而准确地把握学生的知识基础，遵循学生的认知顺序和心理顺序，充分把握概念教学的阶段性和完整性之间的辩证关系。

2. 化学基本理论教学策略

化学基本理论与概念不同，因为基本理论包含着有意义的、彼此相关的概念的组合，而这些概念的组合都具有命题的性质。化学概念的学习是基本理论学习的前提和基础，而基本理论是对概念的演绎和发展，二者相辅相成，共同构成了化学学科的基础理论。因此，化学基本理论的教学不仅是对概念的升华，而且是化学计算的理论依据。化学基本理论教学应注意以下几种教学策略。

（1）实验探究策略。

这一策略强调化学原理教学必须充分利用化学实验这个独特的教学手段，通过观察演示实验，或通过学生实验，从实验现象的分析中认识、把握化学反应的规律，得出结论，并通过讨论和应用，掌握原理的实质。这种学习符合学生的认知规律。例如，在质量守恒定律教学时，充分利用演示实验，使学生自然总结出反应前后质量不变，从而导出质量守恒定律。最后通过练习巩固，一定会取得良好的效果。

（2）活动探究策略。

这种策略强调在化学原理的教学过程中，教师先让学生展示他们已经知道的知识（有关的概念、理论等），再让学生提出问题，并带着问题，学生自主地开展探究活动，如查阅资料、搜集信息、实验验证、网络查询、实地考察等活动，然后将所有信息进行整理，针对某一核心问题提出自己的见解，最后通过教师的引导建立对原理的认知结构。例如，元素周期律是中学化学指导元素化合物知识学习的重要原理，这个原理结论简单，就是一句话，但形成、理解和应用这个原理往往较困难，通过活动探究即可解决这个困难：首先教师指导学生阅读教材第95页表5-5〔人民教育出版社《全日制普通高中教科书（必修）——化学》第一册〕，然后分小组讨论完成教材三个"讨论"和相应的三个表格，从而得出原子核外电子层排布、原子半径、元素化合价的变化规律。再通过教材设置的实验来探究第二周期有关元素的活动性变化规律，最后在教师的指导下得出元素周期律。在此策略运用过程中：第一，教师只起引导作用，把握课堂主线，指导学生思路；第二，学生参与整个学习活动过程，学生是学习的主体；第三，它强调和实施了学生的积极参与和情感体验，使学生的感性认识和理性思考相结合，共同训练和培养学生的科学方法。

（3）自学辅导策略。

自学辅导策略强调学生自主地、主动地学习，教师只给予适当的辅导和帮助。这种策略需考虑学生的主观能动性和接受能力。例如，元素周期律中同周期、同主族元素性质递变规律的教学，就可以采用此策略。首先，印发有关规律的自学提纲（即课堂实验记录及元素性质递变规律表），组织学生自学并讨论。然后，让学生进实验室自己做实验，观察现象，归纳概括，教师巡回释疑。最后，组织学生之间进行讨论，完成提纲内容，教师收阅、评分。

（三）中学化学技能性知识的教学策略

中学化学技能性知识是指运用习得的知识和经验，通过反复练习而形成的顺利完成某种任务的活动方式，主要包括化学用语技能、化学计算技能和化学实验技能。这部分知识的总的教学策略是在"理解""练习""熟练"和"准确运用"上下功夫。

1.中学化学用语技能的教学策略

化学用语普遍比较抽象，需记忆的东西较多，学生学习时感到有些枯燥，因而可运用以下一些策略。

（1）分散难点，循序渐进。

例如，在讲解高一化学离子方程式书写时，必须先检查初中已学的离子符号的书写方法，常见的酸碱盐的溶解性表的记忆，然后在学习强、弱电解质的概念时就必须要求学生能够抓住常见的强、弱电解质的化合物类别，只有做好这方面的铺垫，才能学好离子反应发生的条件，最后才有可能学好离子方程式的书写。

（2）理解含义，激发兴趣。

只有理解了有关的含义，无论是记忆方面还是实际的解决问题方面，学生才会感觉到学习化学的轻松，从而产生学习化学的兴趣，调动学生的积极性和主动性，挖掘学生的潜能。例如，在学习离子方程式书写时，对于"易溶的、易电离的物质用离子符号表示"的理解应该是：某物质必须同时满足"易溶的"且"易电离的"这两个条件才能写成离子，否则，如果某物质是易溶的但是难电离的（如 CH_3COOH）或者某物质是易电离的但是难溶的（如 $BaSO_4$）均应用化学式表示。

（3）反复练习，落实技能。

在对化学用语含义的透彻、全面理解基础上，只有把这些知识熟练地、准确地运用到实际的问题解决中才会形成该项技能。由此，必须通过反复练习，注意落实。例如，书写离子方程式技能的形成通常包括以下几步：一是，理解和判断具体物质是写成离子符号还是化学式；二是，按照教材介绍的四步（可简写成"写""拆""删""查"四个字）进行讲解；三是，进行变式教学：通过举例把化学方程式改写成离子方程式，或者讲解有关离子共存的判断题；四是，学生进行相应的变式练习；五是，学生尝试"一步书写法"，即整个过程在大脑中完成，通过思维，一步书写反应的离子方程式。当然，这还必须通过结合以后的教学训练才能形成该技能。

2.中学化学计算技能的教学策略

化学计算技能是指学生依据化学知识，运用所学方法，从量的方面来解决化学问题的熟练程度和技能、技巧。它通常通过习题教学来进行。

（1）理解概念和原理，掌握定义式。

高中化学计算是以物质的量为核心的计算，所以，必须要理解"物质的量"这个概念，并且要理解与之相关的几个概念，如摩尔质量（M）、气体摩尔体积（V_m）、阿伏加德罗常数（N_A）、溶质的物质的量浓度（C）等概念的关系，从而形成一些最基本的定义式：

$$n = m/M$$

$$n = V/V_m$$

$$n = N/N_A$$

$$n＝CV$$

然后对这些最基本的定义式的使用条件和适用范围作分类，分步练习。特别注意：运用定义式时，在头脑中的表征形式应为这些公式的含义，而不仅仅是数学意义上的计算公式的套用，因为每个公式都有特定的单位换算。

此外，除了掌握基本的定义式及其运用外，还必须形成不同的计算公式之间的量的关系，即形成有关化学计算的知识网络。

（2）重视解题思路，进行习题训练。

化学计算的解题思路不外乎以下几步：读题→审题→析题→列式→计算→答题。

（3）介绍解题方法，优化解题思路。

通过讲解典型例题，从多种角度进行解题（即一题多解），从中选择出最快、最简捷的解题方法，这样一方面加强和巩固了对相关化学概念和原理的理解，另一方面也对学生的思维进行了训练。例如，通过总结十字交叉法的计算适应范围，可提高学生的解题速度，优化解题思路。

3.中学化学实验技能的教学策略

化学是一门实验科学，培养学生的实验技能不可缺少。通过实验技能教学，有助于学生理解化学的基本概念和原理，培养学生科学的研究方法和思维能力。

（1）化学实验观察技能的教学策略。

实验观察是获得化学实验事实的根本方法，是人们认识反应原理及变化本质的出发点。离开实验观察，就无法感知实验中所产生的宏观现象，也就不能提出任何化学问题。

第一，有目的地、有顺序地、全面地观察。

有目的地观察是指导学生观察什么，怎么观察，从而明确实验目的、明确观察对象及内容，有利于掌握观察的步骤和方法。特别注意较为不明显的现象可先提示，这样才能取得良好的效果。

有顺序地观察是指先观察什么后观察什么。无论是演示实验还是学生实验，都要进行有计划、有步骤、有指导的观察。

全面地观察要求在实验观察过程中运用多种感官从多角度、多方面感知现象，同时，要求不仅要观察现象，而且还要观察试剂的颜色、状态、保存方法等。

第二，将观察与思维相结合。

观察只有同思维结合才能真正达到实验观察的目的，否则，学生对实验现象的观察只是看热闹，达不到掌握知识、形成能力的目的。

（2）化学实验基本操作技能的教学策略。

化学实验基本操作技能包括使用化学仪器的技能和仪器组装操作技能。此技能重在实际操作，可按以下三步达成：

①规范演示，学生模仿。

②反复练习，形成技能。

③灵活运用，发展技能。

（3）化学实验设计技能教学策略。

化学实验设计技能是化学实验的最高层次，它要求学生在实验前根据一定的实验目的和要求，综合、灵活地运用有关的化学知识和技能，对实验中的各个环节进行科学、合理、周密、巧妙甚至是创造性的规划。它体现了学生综合运用化学知识和技能解决实际问题的能力。这样不仅能够巩固知识，而且能够培养学生掌握科学研究的方法和形成良好的科学态度。

①利用教材，将演示实验、学生实验转化为实验设计问题。这种策略难度不太大，可以在训练初期帮助学生学习实验设计的步骤、操作，形成基本的设计思想和方法，效果很好。

②充分利用实验习题。实验习题是极好的实验设计素材，教师应重视每个学生的设计思想并给予科学评价，帮助学生确定其中的最佳方案。

③挖掘教材的问题，寻找实验设计知识点。例如，在称量氢氧化钠固体时，常常在玻璃器皿中称，原因是氢氧化钠易吸收空气中的二氧化碳和水。这个道理学生易懂，但对于理由往往难以深刻理解，因而应用时往往并不如人意。若教师抓住这个契机，让学生设计实验并进行验证则效果更佳。

④鼓励学生改进实验，提高实验设计能力。中学化学中有的实验现象不太明显，或实验操作要求高，常常给学生实验带来不便。例如，中学化学教材乙炔的制取与性质实验，必须要求学生操作熟练、眼疾手快才能顺利完成。

针对这种情况，可启发学生如何在减慢或控制乙炔生成速度上下功夫进行实验改进，设计实验方案，通过学生主动地、积极地思考，可以设计出五六种实验改进方案。通过实验改进，不仅可以加深对有关化学知识的理解，激发学生思维，更重要的是能培养学生的创新精神。

（四）中学化学策略性知识的教学策略

策略性知识是指与学习者控制自己学习过程相关的各种方法知识，即如何学好化学的知识。策略性知识的教学就是教师根据学生的实际情况、教材的内容指导学生"学会学习"，即通常我们所说的"授人以鱼，不如授人以渔"。前面我们所介绍的都是知识习得和技能形成的教学策略，而策略性知识的教学往往是穿插其中的。知识习得和技能形成的教学策略是局部的学习方法，而策略性知识的教学则是从全局上把握学习方法，它是对局部的学习、同类内容的方法的概括和统摄。

中学化学策略性知识总是同时存在于中学化学教学内容之中，因而，根据相应的知识、技能教学，我们可采取以下几种常见的教学策略。

1. 概念学习策略的教学策略

概念学习策略从根本上说是揭示概念的内涵，把握概念的外延。因此，在概念学习策略的教学过程中应注意以下策略。

（1）让学生能够用准确的语言和明确的文字揭示概念的内涵，抓住概念的关键特征。例如，学习"可逆反应"概念，抓住在"相同"的条件和"同时"这两个关键特征，就揭示了这个概念的内涵。

（2）恰当运用正例和反例。在概念学习中运用正、反例是不可缺少的。正例有利于学生概括出共同特征，反例有利于学生辨别出非本质特征和无关干扰特征，有助于加强对本质特征的理解。例如，讲解"电解质"概念后，用氢氧化钠作为正例，是因为氢氧化钠无论在水溶液或是熔化状态都能导电；再用硫酸钡作为正例，说明硫酸钡在熔化状态下能导电但在水溶液中很难导电，帮助学生理解电解质概念中"或"的含义，从而能够把握电解质的本质。再用二氧化碳、金属钠作为反例来帮助学生辨别电解质的外延——化合物来判断钠不是电解质，二氧化碳水溶液导电的原因与二氧化碳的本质区别，从而深刻地理解"能导电"的含义。

（3）适当练习，适时反馈。会说、会背概念并不能表示已掌握了概念，只有及时地安排一些练习，让学生在实际运用中体会概念的含义，并作及时的反馈，纠正学生对概念理解的偏差，才能说明学生真正掌握了概念。

2. 元素及其化合物学习策略的教学策略

（1）重视结构与性质的关系。

对于具体的元素化合物知识的学习，教材总是按存在、结构、性质（物理性质和化学性质）、检验、制法（或合成）、用途等几个方面介绍的，这些方面的关系如下：物质的结构决定其性质，而物质的（化学）性质决定其存在、制法和用途。通过这些方法的学习，可以使学生形成较系统的认知结构，从而有利于形成知识结构。

（2）重视元素周期律的理论指导及律前、律后归纳与演绎方法的学习。

元素周期律对元素化合物知识具有指导作用，元素周期律在教材中的位置决定了元素化合物知识的学习应采用不同的学习方法：若为律前（新课）采用概括和归纳方法形成某一族元素的周期性变化规律；若为律后（新课）要采用演绎的方法，利用元素周期律推断和预测元素化合物的一般规律性知识，然后在总结共性基础上处理好元素的特性；若为高三总复习则采用演绎法和训练法，更多的是调动学生的思维，把教学落实到实际的训练和知识运用之中。

3. 技能训练策略的教学策略

技能包括动作技能和心智技能，练习是学生技能形成的一个重要的基本途径。常用的教学策略有以下几方面。

（1）明确训练的目的，掌握有关技能的基本知识。

讲解技能的基本知识，示范技能的基本操作是掌握技能的前提，而明确训练的目的是提高练习的积极性、主动性的内部动因，这两方面的结合可以提高训练的效果。

（2）循序渐进，讲究训练的时间和次数的分配。

技能的形成是有计划、有步骤地训练的过程，通常经历：一是，在教师的指导示范或举例讲解下，理解技能的基础知识；二是，学生练习掌握基本的操作要领或解题思路；三是，反复操作练习或变式习题训练，此过程切忌机械操作或题海战术，必须有积极的思维过程；四是，局部训练后的技能之间的连接，使各个局部训练连成一个整体，使训练达到自动化，从而便于灵活运用和迁移；五是，讲究训练的时间和次数，此过程应视学生的具体情况及练习的复杂程度而定。练习越复杂，学生基础越差，训练的时间和次数的总时间越长；六是，掌握正确的练习方法，及时反馈，强化训练效果。只有及时反馈，才能及时纠正学生的错误和认知偏差，保证训练的准确性。总之，应以提高训练效果为标准和目的。

（3）掌握解答各类技能的程序性知识，形成一定的认知结构。

进行技能训练和培养就是使学生了解某种类型问题的解决规则、方法和步骤，经过反复训练和强化，形成这类问题与操作稳固的联想，即一定的认知结构。那么在解决同类问题时，就可得心应手，顺利完成，即形成了心智技能。

4.记忆训练策略的教学策略

记忆的品质包括记忆的敏捷性、准确性、持久性和准备性，只有当一个人这四方面的品质都达到发展的时候，即记忆快、牢、准、活时，才可以说这个人具有良好的记忆品质。记忆的常用策略有以下几方面。

（1）科学地识记。

一是，提高识记的目的性。教师明确告诉学生识记的目的，强调学习的重点和难点，能够激发学生的学习动机，调动学生的学习积极性，使识记材料更清晰、更准确、更全面。

二是，提高识记的理解程度。理解是意义记忆的基础，意义识记的效果明显优于机械识记，意义识记可以提高识记的品质。

三是，重视记忆方法在识记中的作用。通常有部分识记与整体识记之分。例如，记忆钠及其化合物的相互转化关系，可先运用部分识记的方法记忆钠单质、氧化钠、过氧化钠、碳酸钠与碳酸氢钠的化学性质，然后再根据整体识记方法，找出钠单质与钠的氧化物及盐之间的主线关系，从而能够识记钠元素及其化合物的知识网络图，形成认识结构。

多感官协同活动，即综合运用视、听、触觉等多种感觉器官，提高识记效果。这种方法在通过实验来识记物质的物理性质和化学反应现象中效果非常明显。

记忆术：利用口诀、谐音记忆法等，也能使记忆的效果明显提高。

四是，合理安排学习程度。实验表明，低度学习和100%的学习最易发生遗忘，而过度学习有利于保持。但也不能过度学习过量，否则知识保持量也会减弱。例如，对于离子方程式的书写，学生开始对物质何时写离子符号、何时写化学式难以把握，虽然有的学生对初中化学常见的酸、碱、盐溶解度也能熟背，但学生缺乏对物质溶解性的理解与运用。因此，可以设计一些涉及面较广的离子反应习题，通过过度学习来巩固溶解度的识记及离子方程式的书写方法。

五是，教会学生做笔记。做笔记实际上是把复述、组织等许多功能结合在一起，笔记还能为以后的复习、回忆提供材料，因而做笔记不仅有利于知识的记忆，更有利于知识的重新组织。

（2）合理地再现。

再现是对知识的提取，包括再认和回忆。

一是，重视对材料的复述，单纯的复述仅仅把原有内容表达出来，没有学生自己的加工，如元素符号及名称通常可采用这种方法，而经过加工后的复述，是学生在保持原有材料意义的前提下，经过组织、加工，用自己的语言将材料表达出来。一般来说，经过加工后的复述，对材料的保持效果更好，更容易提取、再现和灵活运用。

二是，善于运用联想和推理的策略。联想是心理上由一件事物想起其他事物的活动。联想可分为四种：对比联想、因果联想、类似联想、接近联想。运用联想的推理可以揭示事物间的本质联系和规律,使有组织的材料更清晰、更具可辨性。

三是，科学地复习。首先要及时复习。根据遗忘的特点，及时复习可以减少知识的遗忘，使所识记的知识得到及时的巩固。根据化学知识的特点，只有及时复习与整理，化零碎知识为整体，逐渐积累，分散记忆的负担，才有利于形成系统的、完整的知识结构。

其次，复习形式要多样化，合理地分配复习时间。在复习时可以采用反复阅读、回忆、列表、归纳总结、联想、分类、对比、整理课堂笔记等多种形式，并且注意复习时间的分配，采取连续的或间断的及时复习或延时复习方式，对所学材料进行加工，既可保持、提高学习兴趣，又有助于把学习材料更好地纳入到原有的知识结构中。

（五）中学化学情意类内容的教学策略

情感态度类内容是指对学生情感意念、品格和行为规范产生影响的一类教学内容，这部分内容的教学策略主要是结合知识和技能教学采用渗透的方法进行教学，通常在如下方面进行渗透。

1.结合德育教育，进行辩证唯物主义和爱国主义教育

辩证唯物主义是科学的世界观和方法论，对于中学化学知识学习具有重要的理论指导作用。教师必须坚持用辩证唯物主义的基本观点处理教材，对教材内容进行深入分析、认真挖掘，从而使学生形成科学的世界观。进行爱国主义教育必须注意结合具体的事实，通过数据分析、历史性意义分析及当前科技发展状况等来感染学生，激发学生的爱国热情，使学生逐渐养成为祖国的振兴而发奋努力读书的优秀品质。

2.结合化学实验教学，进行科学态度和科学精神教育

无论是演示实验、边讲边实验、学生实验及家庭小实验，都是培养学生科学态度和科学精神的独特教材。化学实验必须要求学生细致观察，规范操作，如实地进行实验记录，分析现象并进行合理推论，所有这些都必须要求学生具有严谨务实的科学态度和坚持不懈的科学精神。此外，通过实验教学，还可培养学生的协作精神和创新精神。

3.渗透可持续发展思想，进行环境意识和环境保护思想的教育

可持续发展思想强调的是环境与经济的协调发展，追求的是人与自然的和谐。只有在教学中渗透可持续发展思想，树立环境保护意识，才能适应社会的发展，具体地说：

（1）结合教学内容，进行环境意识和环境保护教育；

（2）结合本地实际，进行环境意识和环境保护教育；

（3）结合最新科技成果介绍，进行环境意识和环境保护教育。

二、根据学习方式分类的化学教学策略的设计

（一）基于科学探究的教学策略

1.科学探究学习的特点

（1）以问题为中心。

问题是科学探究的开始，一切科学探究活动都是围绕问题而展开的，没有问题就无所谓探究。问题可由学生提出，也可由教师提出。教师要善于营造问题情境，通过阅读教材、实验、观察等多种途径，引导和鼓励学生主动发现和提出问题，教学中以问题为中心组织教学，将新知识置于问题情境中，使获得知识的过程成为学生主动提出问题、分析问题和解决问题的过程。

（2）重视搜集实证资料。

实证资料是对探究获得的结果做出科学合理解释的依据。因此，在探究活动中应重视搜集实证资料。学生搜集实证资料的途径主要有：观察具体事物，描述其特征；测定物质的特性，并做好记录；实验观察和测量，并做好记录（包括物理变化、化学反应、反应条件、实验现象）；从教师、教材、网络、调查、访问、书刊、文献等途径获得实证。

（3）强调交流与合作。

由于学生个体无论在学习方式、知识背景、思考问题的方式、认知水平等方面都存在差异，对同一个问题可从不同侧面、不同角度去认识，因而可能存在认识上的局限性和片面性，加之探究本身具有开放性，探究的途径和方法可能多种多样，有必要通过交流讨论，扩大视野，相互取长补短，克服局限性和片面性，达到对所学知识的正确理解，使探究的成果共享。

2.科学探究学习的教学模式

组织和实施科学探究学习的教学模式有多种，而且不是固定的、一成不变的，应根据特定的学习者、具体的教学目标和学习环境的不同做出规划或调整。但科学探究的教学模式应包括以下共同的阶段和内容：

（1）关注——参与阶段。学生参与围绕科学问题、事件或现象展开的探究活动，探究要与学生已有的认识相联系，教师要设法创设真实的情境，引

发学生的思维冲突。

（2）假设——推理阶段。学生根据问题情境和思维冲突做出尽可能多的推理和假设。

（3）实验——探究阶段。学生通过动手做实验探究问题，形成假设并验证假设，解决问题，并为观察结果提供解释。

（4）解释——验证阶段。学生在相互讨论和交流的基础上，分析、解释数据，并将它们的观点进行综合，构造模型，利用教师和其他来源所提供的科学知识阐述概念及其解释，验证假设。

（5）应用——评价阶段。学生拓宽新的理解、发展新的能力，并运用所学知识于新的情境；学生和教师共同反思并评价所学内容和学习方法。

3. 科学探究学习的教学策略

（1）创设问题的情境要与学生的生活实际相联系，从学生熟悉的、感兴趣的现象、事实（包括实验）或经验出发。

（2）要尽量发散学生的思维，使他们能提出尽可能多的假设。对于学生已有认识的正误，不立即给予评价反馈，只是作为一种观点。

（3）教师要为学生的探究活动提供尽可能多的帮助。例如，提供实验仪器和药品，围绕问题情境的相关素材或资料适时地点拨、诱导等。

（4）学生探究活动结束后，教师要给学生机会进行讨论、总结归纳，然后再进行小组间的汇报交流，最后得出一致性的结论。

（二）基于自主学习的教学策略

1. 自主学习的特点

关于自主学习，根据国内外学者的研究成果，可将其特征概括为以下几个方面。

（1）学习者参与确定对自己有意义的学习目标的提出，自己制定学习进度，参与设计评价指标；

（2）学习者积极发展各种思考策略和学习策略，在解决问题中学习；

（3）学习者在学习过程中有情感的投入，有内在动力的支持，能从学习中获得积极的情感体验；

（4）学习者在学习过程中对认知活动能够进行自我监控，并做出相应的调适。

2.自主学习的教学模式

（1）确定学习内容。学习内容既可由教师确定，也可由学生自己确定。学习内容应适合学生的自主学习。

（2）制订学习计划。包括参与确定学习目标、制定学习进度、选取思维策略和学习策略等。教师要加强对学习计划制订的指导。

（3）学习计划的实施。按照学习计划，在解决问题中去学习。活动场所既可在课堂内，也可在课堂外。在实施中，教师要注意学生的自我监控能力和良好的非智力因素的培养，发展学生的思维策略和学习策略。

（4）评价与交流。学生对学习的过程与结果进行自我评价，总结经验与不足，并在小组或全班进行交流；教师给出积极的、鼓励性的评语，以增强学生自主学习的信心。

3.自主学习的教学策略

（1）创设民主融洽、和谐的教学氛围。民主、融洽、和谐的教学氛围是学生自主学习能力发展的前提，这种氛围的基础是民主平等的师生关系。这就要求教师尊重学生的主体地位，让学生生动、活泼、自主地发展，即要尊重学生的个性、人格与权利。

（2）创设有利于学生自主学习的情境，如选取一些富有趣味性、挑战性的化学学习素材，采取阅读、讨论、网络搜索、调查、访问等学习形式。

（3）培养学生的自主学习能力。教学中要注意培养学生自主参与的主体意识和自我监控能力，加强对学生自主学习活动的引导和帮助，让学生在自主学习活动中不断获得成功的体验，以此增强学生自主学习的动力和信心。

需要注意的是，自主学习不是说不要教师的指导，而是在教师指导下的能动的学习，这是与自学的根本区别。而且这种指导贵在动机的激发、方法的导引、疑难的排除，但也不能把教师的指导变成对学生主动参与教学的控制。否则，任何自主学习的教学策略都将失去意义。

（三）基于合作学习的教学策略

1.合作学习的含义

合作学习是指以学习小组为基本组织形式，充分利用教学动态因素之间的互助、互动，以小组的总体成绩为评价标准，共同达成学习目标的活动。

作为一种新的学习方式和教学观念，合作学习的主要活动是小组成员的合作学习活动，它首先要制定一个小组学习目标，然后通过合作学习活动对小组总体表现进行评价。合作学习的展开，往往是在自学的基础上进行小组合作学习、小组内讨论，合作学习的另一种形式是在小组合作学习的基础上进行全班交流和全校交流。

2.合作学习的教学策略

（1）学习小组是合作学习活动的基本单位。

传统的班级授课制是以班级群体为教学活动的基本单位。与此不同，合作学习的基本单位不是班级群体而是学习小组。以学习小组为教学活动的基本单位提高了单位教学时间内学生参与教学活动的概率。建立学习小组的关键是"组间同质，组内异质"。所谓组间同质是指班级内部的若干学习小组在整体学习能力上相当。组间同质使以小组整体活动效果为主要评价指标的合作学习教学评价成为可能。所谓组内异质是指学习小组内成员之间在学习能力、知识水平等方面存在一定的层次结构。组间异质使小组成员之间具有学习上的互补性。总之，具有一定层次结构的学习小组是合作学习活动的基本单位。

（2）小组合作目标是组内成员合作的动力和方向。

小组合作目标是凝聚组内成员的巨大力量，是推动小组成员积极活动的动力，也为小组成员的活动指明了方向。严格地说，没有共同目标作为合作基础的学习小组只能被称为由若干个体组成的群体。这样的群体既不可能激发群体中个体的力量，也不可能通过规范个体行为使群体中的个体的力量汇集成一股强大的力量指向一定的目的、方向。因此，共同努力目标可以说是学习小组称其为学习小组的关键因素，它具有凝聚、定向、规范的功能。

（3）组内成员之间的分工协作是合作学习的基本活动形式。

学习小组是建立在一定的共同努力目标的基础上的，这为组内分工协作提供了基础。小组内成员在学习能力、知识水平上的差异使成员之间的分工协作成为必要。分工是建立在对共同目标的合理分解上的。通过对共同目标的分解，使目标实现的难易程度与承担相应目标的小组成员的知识能力水平相适应。协作是分工基础上的协作。适当的分工既有利于培养学生对小组共同目标的责任感，也有利于学生通过努力实现自己所承担目标进而体验成功的快乐。协作有利于培养学生现代社会所必须具有的团队精神。

（4）小组活动的整体效果是合作学习活动的主要教学评价指标。

从一定意义上说，教学评价是评定教学活动是否实现教学目标及实现教学目标的程度的过程。学习小组是建立在一定共同目标之上的学习集体，共同目标的实现与否及其实现的程度与小组全员的努力程度分不开。因此，对学习小组学习效果的评价也主要是对小组全体成员通过努力实现小组共同目标的评价，而不是对小组内每个组员实现各自所承担的目标的完成情况的评价。这种以小组活动的整体效果为主要指标的教学评价，不仅是将共同目标作为建立学习小组的基础这一事实的符合逻辑的推导，也是增强学习小组凝聚力、通过合作学习培养学生合作性竞争意识及团队精神的需要。

第三章 化学教学方案的设计

第一节 化学教学过程

所谓教学过程，就是教师教和学生学的相结合或相统一的活动过程，也即教师指导学生进行学习的活动过程。优化教学过程的本质是优化教学过程的整个系统，包括这个系统中的各个要素优化配置，恰当组合，协调运作。从化学教学系统的组成来看，化学教学过程是教师和学生以课堂为主渠道的交往过程。从化学教学系统的教育和发展功能来看，化学教学过程是学生获得积累化学知识和经验的过程，也是化学心理结构的构建和化学基本素养养成及系统发展的过程。在我国，课堂教学的一般过程也称作课堂教学结构。

一、课堂教学过程的历史考察

（一）赫尔巴特的教学过程模式

赫尔巴特的教学过程模式以一定的认识论、心理学和教学理论为依据，强调心理学的统觉理论在教学过程中的作用，认为教学必须使学生在接受新教材时，唤起心中已有的观念，他和他的学生按照儿童获得知识的心理过程将教学过程划分为五个阶段，如表3-1所示。

尽管上述"教学形式阶段"所包含的教学过程带有模式化倾向的机械性质，但是，赫尔巴特学派使复杂的教学过程变得简便易行，比起无程序的教学是一大进步。它的缺陷在于忽视学生的主动性，看轻适当的实践在教学上的意义。

表 3-1　赫尔巴特的教学过程模式

序号	形成阶段	教学过程
①	预备	通过问答式谈话，使学生回忆已有相关知识，为学习新知识做准备
②	提示	提出许多实例，供学生观察和了解
③	联系	使学生比较和分析所提到的事例
④	统合	帮助学生求得一条可以解释事例的规则、原则、原理等
⑤	应用	提出习题、作业，让学生使用已学过的规则或原理解答问题

（二）杜威的教学过程模式

19 世纪末 20 世纪初，美国教育家杜威提出"反省思维"的理论，为确立教学程序提供了新的依据。他认为思维是对问题的反复、持续的探究过程，共有五个步骤，并据此确立包括五个相应步骤的教学程序，如表 3-2 所示。

表 3-2　杜威的教学过程模式

序号	思维步骤	教学过程
①	疑难或问题的发现	创设能使学生觉得对于自己有密切关系的情境，引起兴趣和努力
②	确定疑难的所在和性质	当时的情境须能激起学生的观察和记忆，以发现情境中的疑难和解决疑难的途径
③	提出假设，作为可能的解决办法	要假定一种理论在理论上或假设上认为是最便于进行的计划
④	演绎假设所适用的事例	实施所定的计划
⑤	假设经试验验证而成立为结论	把实验的结果和最初的希望相比较，来决定采用的方法的价值，并辨别它的优点、缺点

杜威的学生基尔帕特里克于 1918 年本着杜威"从做中学"的精神及其教学程序，并根据内部动机与附随学习的理论，提出所谓"设计教学法"。其教学过程是：①教师利用学生已有经验和现成的环境，去引起学生进行设计

的动机；②教师与学生共同讨论，决定进行设计的目的；③依据目的，由学生确定达到目的的行动计划；④学生根据计划自己组织实行之；⑤学生对实行的结果进行试验和评价。

从教学实践看，赫尔巴特学派的程序强调教师的活动，着眼于将教师已知的东西传输给对此未知的学生。杜威学派的程序强调学生的活动，着眼于让学生自己去发现未知的东西。我们认为，这两种教学过程既相互补充，又相互区别。前者是以教师为中心的接受学习，后者是以学生为中心的发现学习。

（三）凯洛夫的教学过程模式

苏联教育家凯洛夫根据知识的学习过程包括知识的理解、知识的巩固和知识的应用三阶段的理论，将教学过程概括为五个环节。

1. 组织上课

目的在于促使学生对上课做好心理上的准备，集中注意力，积极自觉地进入学习情境。

2. 检查复习

目的在于复习已学过的内容，检查学习质量，弥补学习上的缺陷，为接受新知识做好准备。

3. 讲授新课

目的在于使学生在已有知识的基础上，掌握新知识。

4. 巩固新课

目的在于检查学生对新教材的掌握情况，并及时解决存在的习题，使他们基本巩固和消化所学新教材，为继续学习和进行独立作业做准备。

5. 布置作业

目的在于培养学生应用知识分析问题、解决问题的能力和自学能力。

以上教学过程模式也是我国广大化学教师所熟知的"五环节"模式。这一固定的模式对新教师适应课堂教学，顺利完成教学任务有重要意义，但过于僵化的"五环节"模式至少存在以下两大缺点：

一是，只罗列教师工作的具体事项，没有反映出学生学习的过程。

二是，固定的模式不利于灵活运用除讲授法以外的其他方法。

因此，这种传统的"五环节"模式正在受到越来越多的挑战。在教学改革的大潮中，现已涌现出一大批具有代表性的课堂教学过程模式。

二、现代教学过程模式

（一）加涅的信息加工教学过程模式

这是加涅根据他对学习过程和教学阶段的理解所提出的一种教学过程模式。加涅认为教学是一种旨在影响学习内部过程的外部事件，因而教学的过程应该与学习的阶段及学生内部活动过程相吻合。他把每一个学习行动分解成八个阶段，相应的教学过程（教学事件）也是八个步骤，如图3-1所示。

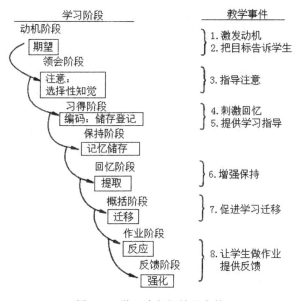

图 3-1 学习阶段与教学事件

（二）布卢姆的掌握学习教学过程模式

这是由布卢姆等人提出的一种教学过程模式，旨在把教学过程与学生的个别需要和特征联系起来，让大多数学生都能够掌握教学的内容，达到预定的教学目标。

布卢姆在阐述了"为掌握而教"和"为掌握而学"的掌握学习理论后，制定了在教学中运用掌握学习理论的具体方法和步骤：

1.确定每个形成性学习单元的内容与目标，制定规格明细表，详细分析表内所包含的要素，以及各种要素的层次结构关系，确定各要素的重要性程度。

2.编制形成性测试的试卷两份，两份试卷都必须包括本单元所有要素，并在原则上要求等值。

3.在单元学习后进行形成性测试（一般需要 25~30min）。

4.给学生第二次机会，并在随后两天举行平行性测试。测试答案（一次或二次之和）的准确程度达到 85%，就表示学生对该单元达到了掌握水平。

5.教师对测验结果进行分析、矫正，以确定学生对该单元教材掌握的情况，或者复习那些学生感到特别困难的概念。矫正手段设计用来自新教授单元形成性测验中的某些项目所考核的内容，但方法不同于该单元最初的群体教学，矫正的方法有多种，一般在课下进行。矫正工作应该安排好，使教师用的时间压缩到最低限度，而学生又不感到是额外负担。

此外，我国从事教育理论和学科教育的专家学者，结合我国的教育实际，也对课堂教学过程模式做了大量富有开创性的研究。

三、化学教学过程设计的原则

（一）体现现代教育教学理念

教学理念是对教学是什么的理解和追问，诚然，它不如教学理论那样系统和完善，但是它比教学观念更具理论化形态，它是观念向理论升华的一个平台，直接影响和指导教学过程的设计，如探究性教学过程设计、启发性教学过程设计、问题解决式教学过程设计、自学辅导式教学过程设计等。

（二）发挥教师主导、体现学习者为主体和媒体优化作用

教师的主导作用应体现为引导学习者自行获取知识和培养能力，而不是灌输知识；学习者的主体应体现在能充分发挥学习者的学习积极性，让他们

有更多的参与机会，真正做到动脑、动口、动手，使他们不仅学会，更重要的是会学，从被动接受知识转变为主动获取知识；各种媒体应各施所长，互为补充，相辅相成，形成优化的媒体组合系统。

（三）遵循学习者认知规律和学习心理

学习者的认知规律和特点，取决于他们的年龄心理特征。年龄小，知识、经验少，感知能力差，依赖性比较强，无意注意占主导地位，以具体形象思维为主；随着年龄不断增大，知识、经验增加了，感知能力提高了，能通过一定的意志努力，集中注意力参与学习活动，其思维也由具体形象思维逐步过渡到抽象思维。在设计教学过程中，必须遵循这些认知规律，符合学习者特有的认知要求，才能获得满意的效果。如初三、高一化学的教学过程设计要突出化学演示实验的功能，而高二、高三化学的教学过程设计则要加强学生逻辑思维和抽象思维能力的培养。

四、努力实现教学过程的最优化

教学过程最优化，是运用系统论的方法、整体性的观点来研究教学过程，目的是有效地提高教学效率和教学质量。那种"高投入、低产出"的重复教学、加班加点和题海战术是不符合教学过程最优化原则的。

第二节　化学教学设计与教案编制

一、化学教学设计总成

在前面我们已经讨论了教学目标、教学策略的专项设计，以及教学过程、学习方案甚至习题编制的设计，使教学设计达到了比较深入和精细的程度。但是，这种局部设计往往忽略或者淡化了整体中各部分之间的内在联系，不能代替对化学教学系统的整体设计。因此，有必要对这些专项设计和局部设计进行整合，即化学教学设计总成。所谓化学教学设计总成是对化学教学各专项设计和局部设计的整合。

化学教学设计总成不是设计之初的整体构思所能代替的。因为整体构思比较粗糙，具有模糊性和概略性，其可操作性较差。如果把化学教学设计总成比作是"最后完成的蓝图"，那么，设计之初的整体构思只不过是一幅草图而已。

化学教学设计总成着重于具体地处理好系统整体与部分、部分与部分，以及系统与环境之间的关系，力求使系统协调、和谐、自然，能有效地发挥其功能。因此，化学教学设计总成是一件十分重要的工作。

教学设计总成的基础和前提是做好化学教学的各专项设计和局部设计。在总成时，首先要使各部分总成。例如，教学目标总成——使各领域的教学目标组成教学目标系统；教学策略总成——使各局部策略相互协调，形成教学思想统一的教学策略系统；教学活动总成——使各阶段活动、各领域活动相互衔接、相互配合，适当归并，不重复、不冲突、不脱节，形成自然、流畅的教学活动整体过程等。

总之，化学教学设计总成不是各局部设计的简单拼凑，而是在系统思想指导下的整合和协调。在这一阶段，通常还要对整个教学过程设计以及各环节设计做艺术的审视、加工、调整和润饰，力求高效、可行，力求科学性与艺术性统一。

化学教学设计总成的具体结果是编制出化学教学方案。

二、化学教案的编制

化学教案是以课时为单位设计的化学教学具体方案，是化学教师课时教学设计工作的成果。教案也称为课时计划，产生于班级授课制。

（一）目前教案的类型及特点

从形式上看，目前公开出版的教案大致有两类：一类是以表格形式列出整个的教学过程，表格中分教师活动、学生活动和设计意图，同时列出教学过程中衔接的详细过程，如引言、设问、提问、板书、讲解、阅读等过程或指导语，另外还列出了一些教具和教学方法。这类教案的特点是文字较简练，教学思路清晰；另一类是以文字形式书写的教学过程，最明显的特点是标明了每个过程中的教学衔接，其中包括教具的使用（如投影、幻灯等）。这类教案能够详细地反映整个教学过程，其教学设计寓于教学过程之中，读起来常常需通过思维加工才能领略其教学设计思想。这两类教案的前面都有一些程序性的格式：教学目的（标）、教学重点和难点、课型、教学方法、教学过程等文字说明，有的还加上一些教学准备和教学说明等。

这些教案对于不同的教案设计者来说，教学过程不同，但对于教材、教学目标、教学重难点、教学方法等分析可以说是千人一面，基本上都来源于教学大纲或教师用书上的文字说明，特别是教学目标的描述缺乏个性，缺乏对于具体的教学对象的教学分析，教案给人的感觉不是教学生而是教教材。造成这种情形的原因有：（1）教师缺乏对教学目标要求的细致分析；（2）没有注意到不同的教学对象的特征而采取不同的教学设计，缺乏对学生的起始能力的分析；（3）教学设计的思路是内隐的，不能给人以明确的教学设计印象，即缺乏对教学策略的研究。这一点，对于新教师来说难以把握教学设计的方法和过程。

（二）本书推荐的教案规格

教案是对师生课堂上预期的教学活动的设计和描述。为了使师生在课堂上的活动受本书所阐述的学习与教学规律的支配，根据上述教学设计理论，我们推荐如下教案形式：

教学课题名称（注明采用的教材版本）

1. 教学目标

2. 教学重点

3. 教学难点

4. 教学方法

5. 教学任务分析

6. 实验用品与教学媒体

7. 教学过程

8. 板书设计

9. 教学后记

第四章 化学教师的评价与专业发展

《中国教育改革发展纲要》指出："振兴民族的希望在教育，振兴教育的希望在教师。"化学学科的发展，需要高素质的化学教师的努力。本章根据高中化学新课程改革的要求，对化学教师的素质要求和评价、专业发展的方向和途径以及行动研究与教师的专业发展进行了较系统的阐述。

第一节 化学教师的素质要求和评价

化学教师素质的高低决定了化学教育的兴衰，研究化学教师素质问题具有十分重要的意义，它是化学教师适应化学课程改革，成为创新者、研究者、引导参与者、组织者、促进者、沟通合作者的需要。

一、化学教师的素质要求

（一）化学教师素质结构

教师素质是教育界经常使用的概念，所谓素质就是以人的先天禀赋为基础，在环境、教育的影响下，在人自身的参与过程中，逐步形成和发展起来，并能持久发挥作用的内在身心品质。教师是一种事业化的职业，是向受教育者传递人类积累的文化科学知识和进行思想品德教育的专业人员。所谓教师素质，就是教师在教育教学活动中表现出来的，决定其教育教学效果，对学生身心发展有直接而显著影响的心理品质的总和。化学教师素质是从化学学科的角度对教师素质的一个细化，因此，所谓化学教师素质即在化学教育教学活动中表现出来的，决定其化学教育教学效果，对学生身心发展有直接而显著影响的心理品质的总和。

（二）化学教师的素质要求

教师的劳动是一种复杂的、创造性的劳动，那么化学教师具备哪些素养才能称得上是一个好教师呢？针对化学教师的素质结构，以下从六个方面描述高中化学新课程对化学教师的素质要求：

1. 思想品德素质

对于教师来说，必须具有坚定正确的政治方向，要有高度的事业心与责任感，并且具备开拓意识和创造精神。教师在教书育人的过程中起主导性作用，教师的工作态度与能力是决定教育工作最终成败的关键因素。教师一举一动不仅影响自己的工作效果，而且对学生行为、品格的成长有着直接的影响。

2. 教育思想素养

教师要树立新型的人才观和育人观，化学学科教学一定要以人的发展为本，服从、服务于人的全面健康发展。此外，教师还要具备先进的教学观和质量观，只有这样，才能培养出适合时代发展需要的身心健康、有知识、有能力、有纪律的创新型人才。

3. 新课程理念

教师应铭记新课程的核心理念是"为了每一位学生的发展"，应系统学习高中化学课程标准，具有新的课程观、教材观、学生观、教学观、评价观和教师专业化发展的动力。

4. 科学文化素质

随着科学技术的发展，不仅知识量剧增，而且知识更新速度加快，学科不断分化与综合。化学教师不仅要精通本专业知识，还要有广博的横向知识技能，包括人文学科知识。教师不仅要给学生传授知识，还要帮助他们学习实用技术，学会运用现代化的教学仪器。

化学教师必须具备系统、扎实、广博而深厚的专业基础知识，并时时注意知识的更新和发展，才能胜任化学教学工作。我们认为，中学化学教师的学科专业知识应包括陈述性知识、程序性知识和策略性知识三部分。大学无机化学系统的元素化合物知识、有机化学的有机化合物性质的知识、结构化学的基本知识、化学发展史的知识以及化学与其他学科交叉渗透的内容等是中学化学教师专业知识中陈述性知识的主要组成部分；无机化学的基础理论知识、有机化学反应的基本规律、物理化学原理、分析化学的基本原理构成中学化学教师专业知识的程序性知识；而中学化学教师专业知识中的策略性知识主要包括化学科学研究的一般方法和化学研究的专门性方法（如物质结构的测定，物质的合成、分离和提纯等）两大部分。

5.能力素质

教师要培养开拓型、创造型人才，必须具有多方面的能力。对于化学教师来说，首先应具有较强的教育教学方面的能力，如表达能力、板书能力、实验教学能力、组织管理能力、教育教学研究能力等。其次应具有较强的自我调控能力、社会适应能力、创造探索能力、综合能力、社交能力等。

资源链接：化学教师的实验教学能力

化学教师素质要求的特殊性最主要表现在化学教师的化学实验教学能力方面。化学是一门以实验为基础的学科。化学实验教学能力包括进行演示实验教学的能力、设计和改进化学实验的能力及指导学生实验的能力。教师进行演示实验时首先要明确实验的目的，弄清楚通过这个实验引导学生获得什么知识，示范哪些操作，要引导学生观察哪些现象，要重点培养学生哪方面的能力；其次要做到安全可靠。要保证演示实验的成功率，实验操作要规范，实验现象要鲜明。同时在实验过程中要加强启发性讲授，引导学生将实验、观察和思维紧密结合。通过对实验过程和实验现象的分析，使学生明白实验原理、装置和操作之间的相互关系，加深对整个实验的全面理解。

设计和改进实验的能力是指教师在教学中，根据教学的需要和教学内容的特点设计有关的新实验，以加深学生对知识的理解；或者是改进已有的实验，使实验装置和操作更简单，现象更明显。化学实验的设计和改进在保证科学的前提下，必须符合实验教学的目的和学生的认知规律，它体现了教师的创造性。指导学生实验的能力主要体现在教师指导学生进行实验操作、实验观察和实验思维，在这个过程中培养学生的科学态度和科学方法。

6. 身体和心理素质

教师肩负着培养新一代高素质人才的重任，教师劳动虽是脑力劳动，但随着社会对人才素质要求的提高，教师的脑力劳动将越来越复杂、繁重，必须要有良好的身体素质做保证。此外，教师的健康心理在学生心理健康的发展中起着十分重要的作用。教师要有敏锐的观察力、丰富的想象力、灵活的思维力、坚强的意志力、丰富健康的情感和开放的性格。

资源链接：美国化学教师化学学科的知识内容和教学技能的要求

美国 NBPTS 制定的化学学科的学术水平标准，规定了从事化学教学的教师除了应达到科学教师的共同标准外，在化学学科领域需要具备的学科知识内容和教学技能。该标准 2002 年第二版有 9 个方面的内容：

（1）化学教师应当掌握基本的科学与教学技能，组织安全的实验活动，知道大众关心的问题；

（2）在原子水平上理解和应用物质的本质的概念；

（3）了解元素间的化学键及形成化合物的几何形状和性质；

（4）了解分子在气体、液体和固体状态下的状态和性质；

（5）了解溶液中微粒间的相互作用；

（6）了解酸—碱化学；

（7）了解热力学定律并能应用到化学系统中；

（8）了解化学反应的机理及反应速率原理和实际技能；

（9）了解有机化学的主要方面。

可以看出，标准非常重视化学与社会的关系及对生活的影响，强调化学与当前跟科学技术有关的社会问题相联系，把科学和技术作为改造社会的一种工具和手段，既着眼于未来，以利于解决可能出现的社会问题，又注意加强基础。主要体现在：

◆突出实验的地位；

◆化学对日常生活和当代问题的影响，体现了科学为大众的理念；

◆化学学科的概念、法则和过程；

◆科学研究探讨和推理的方法；

◆日常生活中运用科学知识；

◆科学和技术的发展与社会和环境的关系。

二、专家型教师与一般教师的比较

（一）专家型教师的基本特征

专家型教师可以理解为教学相长的教师，是指那些不仅通晓所教学科的专业知识，具备多年的教学实践经验，而且在培养学生良好的道德品质、调动学生学习积极性，使之学会学习、学会创造等方面教学艺术高超、教学效果显著，有自己一套成熟的教学理论，并被社会公认的专家能手。研究表明，专家型教师主要有以下三方面的基本特征：

1.具备并能有效运用丰富的、组织化的专业知识

专家型教师的首要特征是具备广博的专业知识，这些知识主要包括所教的学科知识；教学方法和理论，适用于各学科的一般教学策略（诸如课堂管理的原理、有效教学、评价等）；课程材料，以及适用于不同学科和年级的程序性知识；教特定学科所需要的知识，教某些学生和特定概念的特殊方式；学习者的性格特征和文化背景；学生学习的环境（同伴、小组、班级、学校以及社区）；教学目标。专家型教师可以将这些知识高度整合，使其具有良好的结构，与教学背景相联系。除此之外，专家型教师还能针对学生的自身条件因材施教，从而实现最优的教学效果。

2.可以高效率地解决教学领域内的问题

专家型教师在广泛的知识经验基础上，能够迅速且只需很少或无需认知努力便可以完成多项活动，这是因为专家型教师本身在元认知和认知的执行控制方面能力比较高。经过长期积累，某些教育技能已经程序化、自动化，可以在较短时间内完成更多工作，高效率解决问题。专家型教师善于监控自己的认知执行过程，注重从自动化的教学向更高水平的推理和问题解决方向发展。此外，专家型教师也愿意在所需解决的问题上花费较多的时间去理解和计划，在教学行为进行过程中，他们又能主动对自己的行为做出评价，并随时做出相应的调节。

3.有很强的洞察力并善于创造性地解决问题

专家型教师善于观察，发现事物间的相似性，可以从不相关的信息中提取有效的信息，并能够有效地将这些信息联系起来，重新加以组织，将各种信息联系起来综合运用，解决身边的问题。专家型教师的解答方法既新颖又恰当，往往能够产生独创的、有洞察力的解决方法。

目前，学术界经常提到的学者型教师、研究型教师、反思型教师都不完全是专家型教师，作为专家型教师应该有学者型教师的睿智与开放、研究型教师的严谨与创新、反思型教师的批判与深刻。专家型教师是一种境界。

（二）与一般教师的比较

专家型教师与一般教师在很多方面都有不同，表4-1（见下页）从教师日常教学的教学设计、教学过程和教学评价来分别阐述专家型教师与一般教师的不同。

三、发展性化学教师的评价

教师评价，从目的上可分两种类型：一是奖惩性教师评价，二是发展性教师评价。奖惩性教师评价的最终目的是奖励和惩处，通过评价教师工作表现，做出解聘、晋升、调动、降级、加薪、减薪、增加奖金等举措。而发展性教师评价以促进教师的专业化发展为最终目的。它是一种双向的教师评价过程，建立在双方互相信任的基础上，和谐的气氛贯穿评价过程的始终。

发展性的教师评价制度吸取了现代心理学和管理学研究的成果，即人的能力是处于发展之中的；受过较高程度教育的教师有根据新情境调整自己行为的能力；当教师获得足够的信息与有用的建议后，他们就可能达到预期的水平；作为专业工作者，教师对自己的工作具有高度的热情，具有发展的内在要求；必须相信教师的能力，保护教师的热情，把对教师外在的压力和内在的发展相结合，并用教师评价的项目引导教师学会建立适合自己专业发展水平的、有效的奋斗目标。

发展性教师评价不是某一种特定的评价方式，它是指一系列能够促进教师专业成长和发展的评价方式的总称。它代表了一种评价的理念，即教师评价不仅仅是管理的手段，也是促进教师成长和发展、促进教师专业化发展的途径和条件。

表 4-1　专家型教师与一般教师的比较

教学体系		专家型教师	一般教师
教学设计		只是把教学过程中的重要环节写成书面材料（教学设计），不涉及教学过程细节	把教学过程的每一个细节（甚至包括语言和动作）按照自己的意志设计得很详细，并全部呈现在教学设计中
教材呈现		注重采用适当的方法回顾先前知识，注意旧知识对新知识学习的支持性作用，注意及时复习与巩固，注意对重点知识强化，对难点知识能循序渐进地给以巧妙突破	对所有的教学内容面面俱到，平铺直叙，不能引导学生对所学内容进行前后联系，难以有效突破重点和难点
教学过程	课堂练习	把练习当作促进学生知识理解、迁移、检查学生学习情况的手段，注意学生练习的进程和出现的各种问题，允许学生进行讨论，并在课堂上留出时间解决共性问题	把练习当作必需的教学步骤，关注练习的时间，特别强调练习时的纪律，课堂上巡回走动时只顾自己关心的学生，看不到整体情况，不能及时发现问题，提供反馈
	教学策略	教学策略丰富，能灵活运用，善于提出系列问题，引导学生的思维	教学策略比较贫乏，运用不够恰当，提问的次数相对较少，问题也比较孤立，无法正确引导学生得出正确答案
教学评价		着眼点放在教学目标的完成情况、学生学习活动的水平、课堂教学的成功之处和应注意的问题等环节	关心课堂上教师的表现，课堂上发生的细节及课堂的形式和氛围，关心既定的教学设计完成的情况等

（一）发展性化学教师评价的功能

发展性化学教师评价的功能主要是：

1. 促进化学教师的专业化发展

发展性教师评价以教师的成长和发展为根本导向，尊重教师的人格和尊严，强调教师之间、评价者和被评价者之间的民主、平等和团结，为不同发展阶段的教师制定切实可行的行为目标，能够激发教师专业发展的热情和需要。

2. 消除传统评价的负面影响

发展性教师评价的根本目的在于利用评价促进教师的成长与发展，关注教师的每一步成长和发展，力图在教师成长和发展的第一个阶段设计适当的教师评价方案，通过评价为教师提供专业发展的可行性目标，用评价和目标激发教师内在的发展动力，促进教师的成长和发展。

（二）发展性化学教师评价的过程

实施化学教师发展性评价，一般由以下四个环节组成：

1. 明确评价内容和评价标准

新课程对教师提出了全方位的要求，教师的工作也因此变得更加富有创造性，教师的个性和个人价值、伦理价值和专业发展得到了高度的重视。因此，促进教师不断提高的评价体系，不再以学生的学业成绩作为评价教师水平的唯一标准，而是从新课程对教师自身素养和专业水平发展的要求，建立符合素质教育要求的、多元的、促进教师不断提高，尤其是创新能力发展的评价体系。

2. 设计评价工具

促进教师不断提高的评价体系，主要倡导教师自评的评价方式，在教师的教育教学反思中促进教师教学能力的提高和专业素质的发展。对于教师自评，可根据教师教学和教师素质的评价内容和评价标准，设计相关的评价工具来收集教师全面发展的证据，如结构性的调查问卷、自查量表、教学日记、周期性的工作总结和自我分析等，包括教师对自我发展优势与不足的自我评价。

3. 收集和分析反映教师教学和素质发展的资料

收集有关教师在教学和素质发展优势方面的资料可以帮助教师获得校方的认可，并提供证据证实；收集教师在教学和素质发展不足方面的有关资料能帮助教师确定发展基线，进而考察教师在下一阶段的努力是否取得进展。在收集各种类型资料的时候，可以采用观察、访谈、检查教师的各种教学资料和文件等多种方法。在掌握了大量关于教师发展优势和不足的资料和证据后，应对教师教学和素质的发展状况进行分析，找出教师发展的优势和不足，并做出客观的概括性描述。

4. 明确促进教师发展的改进要点，制订改进计划

评价最重要的意图不是为了证明，而是为了改进。评价是为了促进教师的提高，因此对于分析的结果，不能停留在简单的奖惩或评优的处理上，而应帮助教师以开放、坦荡的胸怀勇于面对评价的结果，和教师一起讨论并确定教师改进要点，制定改进计划，通常改进计划中应包括：

（1）用清楚、简练、可测量的目标术语来描述教师改进的要点；

（2）确定改进教师教学和教师素质的指标；

（3）描述评价教师向改进目标努力的具体方法。

在改进计划的制定中，评价者应考虑发挥教师发展的优势，利用迁移的原理，或者激励的方式，改善其不足。这就需要在制定改进计划时，认真分析教师的个人特点，同样遵循因材施教和指导的原则，在尊重教师个性和个人价值的前提下，和教师一起分析其未来的发展方向和目标，了解教师的个人发展需求，共同制定教师的个人发展目标，并向教师提供日后培训或自我发展的机会，以提高教师履行工作职责的能力，促进教师专业和个人素养的整体发展。因此，促进教师不断提高的评价体系是面向未来的评价体系，重在信任和激发教师追求不断提高的内在需要和动机，倡导全体教师的积极参与，在民主、开放、上进和支持的评价氛围中，通过教师之间的同事评价和教师自评的方式，促进教师不断改进和提高。

在实施评价的过程中，评价者必须考虑并处理好与发展性教师评价相关的一些问题：第一，评价要与奖惩性目的脱离；第二，评价过程要体现民主性；第三，评价信息要注意保密性。

此外，要做好发展性教师评价的有关工作，评价者还需要处理好其他方面的事宜。不同学校的实际情况是不一样的，评价者需要结合学校的具体情况，灵活处理评价过程中的诸多问题，才可能使发展性教师评价真正成为促进教师发展和学校发展的重要措施。

第二节　化学教师专业发展的方向和途径

改革和发展是教育永恒的主题，教育的发展需要也要求教师的发展，新一轮基础教育课程改革将教师的专业发展问题提到了前所未有的高度。《普通高中化学课程标准（实验）》在其所倡导的基本课程理念中明确提出："为化学教师创造性地进行教学和研究提供更多的机会，在课程改革的实践中引导教师不断反思，促进教师的专业发展。"

一、化学教师专业发展的主要阶段

教师专业化是指教师职业具有自己独特的职业要求和职业条件，有专门的培养制度和管理制度。教师专业化的基本含义是：第一，教师专业化既包括学科专业性，也包括教育专业性，国家对教师任职既有规定的学历标准，也有必要的教育知识、教育能力和职业道德要求；第二，国家有教师教育的专门机构、专门教育内容和措施；第三，国家有对教师资格和教师教育机构的认定制度和管理制度；第四，教师专业发展是一个持续不断的过程，教师专业化也是一个发展的概念，既是一种状态，又是一个不断深化的过程。

教师专业发展可以理解为教师的专业成长和教师内在专业结构不断更新、演进和丰富的过程，是教师由非专业人员成为专业人员的过程。这个过程是一个终身的、整体的、全面的、内在而持续的循环过程，与强调教师群体的、外在的专业性提高的"教师专业化"相比，"教师专业发展"更强调教师个体的、内在的专业性提升，是教师个体的被动专业化转向强调教师个体的主动专业发展的真实体现。具体说来，化学教师专业发展有以下几个主要阶段。

（一）"非关注"阶段

指进入正式教师教育之前的阶段。尽管历来做教师的人在这阶段很难说有从教意向，更没有专业发展的意识，但对后来从教的影响却不容忽视。这一阶段生活经历所养成的良好品格是教师成长中重要的生活基础。

（二）"虚拟关注"阶段

指师范学习阶段师范生的发展状况。因为这时的师范生所接触的中小学实际带有某种虚拟性。这种虚拟性的主要问题是，师范教育没有形成教师专业发展的特殊环境，师范生的自我发展意识淡漠。

（三）"生存关注"阶段

指初任教师阶段。此阶段中教师有着强烈的专业发展忧患意识，他们特别关注专业发展结构中的最低要求——专业活动的"生存技能"。

这个阶段的教师急于找到维持最基本教学的求生知识和能力，他们努力解决课堂纪律、激发学习动机、处理学生个别差异、评价学生作业、与家长建立联系。在处理这些问题时，他们又感到缺乏基本的教师专业知识和基本的教学能力，他们需要求助于有经验的教师，在教学实践中进一步补充这些知识。

（四）"任务关注"阶段

指教师专业结构诸方向稳定、持续发展的时期，由关注自我生存转到更多地关注教学上来，以便更好地完成教学任务，获得良好的外在评价和职称、职位的升迁。

（五）"自我更新关注"阶段

教师不再受外部评价或职业升迁的牵制，直接以专业发展为指向。教师有意识地自我规划，以谋求最大程度的自我发展。这些已成为教师日常专业活动的一部分。

这个时期的教师更加关注课堂内部的活动及其实效，关注学生是否真的在学习，教师能够对问题予以整体、全面地关注。这一时期教师的特征是自信和从容。

"自我更新关注"阶段的教师在学生观上的一个重要转变是认识到学生是学习的主人。教师除了要让学生理解所教的内容之外，还鼓励学生自己去发现、建构"意义"。教学不仅限于帮助学生学习知识，而且要在师生互动过程中使学生获得多方面的发展。教师知识结构发展的重点转到了学科教学法知识的应用上来，不再把专业学科知识作为重点。

此阶段是教师专业发展的一个较高境界，只有那些不懈追求发展的教师才有可能进入这一自我发展的巅峰。

实际上，对教师专业发展阶段的研究是为了研究不同阶段专业发展的特征，揭示不同阶段专业发展的不同需求，从而针对性地完善教师专业结构，提升教师专业素养。可以说，教师事业发展以专业结构的完善和专业素养的提升为归宿，这既指明了教师专业发展的目的，也指出了教师专业发展的内容。发展是有方向性的，它指向于进步，注重从不完善到完善、从不成熟到成熟、从低水平到高水平演进的过程。因此，教师专业发展的概念也蕴涵着这一过程，体现出教师不断成长的趋势。

二、化学教师专业发展的主要方向

20 世纪 80 年代以来，教师的专业发展成了教师专业化的方向和主题，教师专业发展以教师专业结构的丰富和专业素养的提升为宗旨。教师专业标准的内涵是开放的、不断变化的，是动态发展的。随着教育体制的不断发展，教师专业标准由低层次向高层次发展。这个过程既有阶段性，又是永无止境的，其阶段性是同教育改革所处的现实社会情境相对应的；其发展的永无止境指的是发展只有起点没有终点，这是同教育改革发展的无止境相联系的，教师必须不断地改进自己以适应社会变化的需要。教师专业发展具有强烈的时代性，它本身就是对传统教育的超越、扬弃、更新和创造。

新课程由学习领域、科目、模块三个层次构成，打破了过去单一的学科设置模式，是围绕一定的主题并通过整合学生的经验及相关内容而形成的。新课程改革带来的全新的教育理念、课程内容、教学方式、教育评价方式等，对教师的知识结构、思维方式、教学能力等方面提出更高的要求，具体来说化学教师专业发展的方向主要包括以下几个方面。

（一）知识结构趋向于综合化

我国的教师教育一直重视教师对专业知识的掌握，但是新课程对教师提出了新的要求，合理的知识结构或较高的科学文化素质是化学教师必备的学术背景，不仅要求教师有系统的、深厚的专业基础知识，而且还要求教师在对知识价值的理解上，超越学科的局限，从宽阔的社会背景中认识化学。

新课程要求教师要学会探究教学，因此，教师需要去了解有关的科学哲学知识。教师拥有的关于科学探究和科学内容的知识越多，就越能成为有效的探究者，也就越能胜任探究性教学。

综合化的知识结构具有创新功能，是一个不断建构、不断发展的过程，教师要时刻关注化学学科的学术发展动态，注意知识的更新和发展，树立终身学习的意识。

传统教学中，教师基本上都是以传授教科书上的知识为教学目的，没有顾及学生自身的兴趣需求与年龄特征，采取直线式的教学方式传授学科知识，导致学生普遍产生死记硬背、机械记忆、被动接受的学习方式，不利于学生的发展。

新课程则提出"一切以学生发展为本，学生成为课堂学习的主体，教师应该尊重学生的精神世界和人格尊严，变传统的单向传授方式为合作生动式的教学方式"。教师不再是课堂的权威与决定者，而是学生学习的辅助者，能够针对学生的个性特点，真正让课堂焕发生命力，激发学生的智慧潜能。

（二）教师角色体现出多重性

长期以来教师的角色定位为"教书匠"，只需要单纯地向学生传递知识。在新课程中，教师需要承担的角色多样，必须重新定位自己的角色，自如地转变角色。

首先，教师在新课程中应成为学生学习的促进者。教师不要自居为知识传授者和课堂主宰者，要时刻考虑到学生在学习和成长过程中遇到的问题，给予及时的指导，帮助学生在知、情、意、行各个方面获得全面的发展，成为学生学习的激发者和促进者。此外，教师还应关注对学生的心理健康和优良品德的培养，促进学生形成科学的情感、态度、价值观。

其次，教师在新课程中应成为教学实践的研究者。教学具有很强的实践性和情境性，而新课程蕴涵的新理念、新方法以及实施过程中遇到的新问题都需要教师以研究者的心态置身于教学实践之中，以研究者的眼光审视和分析问题，反思自身行为，探究教学实践。

最后，教师在新课程中应成为课程的开发者。新课程倡导民主、开放、科学的课程理念，同时确立国家课程、地方课程、校本课程三级课程管理体制，这就要求课程与教学相互整合，教师必须在课程改革中发挥主体性作用，从而改变教师只是既定课程执行者的角色。这些都需要教师树立课程开发者的角色，利用课程资源开发与设计校本课程。

三、化学教师专业发展的主要途径

教师在教学活动中起主导作用是保证课程实施的关键。因此，研究和解决教师专业发展的途径，是一个具有现实意义和操作价值的问题。教师在教学实践中的自我反思、行动研究和校本教研等都是促进化学教师专业发展的有效途径。

（一）开展教学反思

实践证明，反思对教师的成长具有显著的促进作用，是教师事业发展的必由之路。正如波斯纳 1989 年提出的"教师的成长＝经验+反思"。自觉运用反思的教师，会主动关注教师在教学实践中的反思，使其在自我调整、自我监控、自我完善的过程中不断得到发展和提高。教师的自我反思一般包括反思教学设计是否系统，学生起点水平与教学起点是否匹配，教学内容是否满足学生的需求，教学策略是否有助于教学目标的达成，教学内容的呈现方式是否恰当，师生、生生的课堂交流是否有效，学生是否积极主动地参与到学习活动中，学生在学习中出现哪些困难，其可能原因是什么，等等。

（二）进行校本教研

关于校本教研的内涵目前尚无定论，可作如下描述：校本教研是适应新形势发展需要而产生的一种新的教育理念，它以学校为研究基地，以学校中的教师为研究主体，以学校教育教学中的实际问题为研究对象，通过校外研究人员的合作、指导，总结推广教学经验，探索教学规律，融学习、工作和研究为一体，促进学校发展、学生发展和教师成长的一种研究活动。

1. 校本教研的基本理念

学校是真正发生教育的地方，教学研究只有基于学校真实的教学问题才有直接意义。学校就是研究中心，教室就是研究室，教师就是研究者。

2. 校本教研的核心要素

教师个人、教师集体、专业研究人员是技术研究的三个核心要素，它们构成了校本研究的三位一体关系。教师个人的自我反思、教师集体的同伴互助、专业研究人员的专业支持是开展校本研究和促进教师专业化发展的三种基本力量，缺一不可。

第五章　化学教育中的实验教学

第一节　实验教学在化学教育中的作用

化学是一门以实验为基础的科学。回顾化学科学的发展史,化学科学的发生和发展都是以实验为基础进行的,任何一种化学理论无不都是建立在化学实验基础上的。离开实验基础而建立的化学理论是无法想象的。化学实验是检验化学理论正确与否的唯一标准,也是促进与引导化学科学发展的主要因素。因此,化学实验和化学实验教学在化学科学中占有很重要的地位和作用。

要很好地让学生领会和掌握化学的基本理论和基础知识,就必须让学生亲自实验,获得大量的第一手知识,增加学习兴趣,进一步掌握元素化合物的知识,加深对基本原理和基础知识的理解和掌握。通过化学实验可以培养学生的实验能力、观察能力、独立思考能力、综合归纳能力和创造能力,以及实事求是的科学态度,准确、细致、整洁的工作作风。

总之,实验教学是化学教育中一个重要的组成部分,是对学生各种能力培养必不可少的基础训练和教育,可帮助学生形成化学概念,理解和巩固化学知识,启发学生联系学科、生活、社会实际进行改革创新的意识,培养科学研究的方法,陶冶学生情操,培养良好的心理素质和品质。因此在化学教育中我们必须重视实验教学。

第二节 化学实验的类型和教学要求

一、中学化学实验的类型

从化学实验对学生学习化学基础知识和掌握化学实验技能方面所起的作用来看，中学化学实验的内容大致可分为：（1）基本操作实验；（2）元素化合物性质和制备的实验；（3）形成化学概念和基础理论的实验；（4）揭示化工生产中反应原理的实验；（5）学生独立设计实验。

中学化学课本上的实验，内容丰富，形式多样，可按照各自的特点，以不同的标准进行不同的分类。常见的分类方法有：

1.根据实验在教学中的作用，可分为演示实验、边讲边实验（随堂实验）、学生实验和实验习题；

2.按实验质和量的关系，可分为定性实验和定量实验；

3.按实验在认识过程中的作用，可分为启发性（或发现式、探究式或探索性）实验和验证性实验。

4.根据实验形式，可分为演示实验和学生实验。

二、中学化学实验教学的要求

教与学是教学中同一事物的两个方面，在这两方面中教起主导作用，实验教学的好坏与教师的教学和要求有很大的关系，与教师本身对实验教学的重视程度是分不开的。假若教师本身对实验就不重视，存在轻实验、重理论的倾向，则要求学生对实验课及演示实验重视是不可能的。所以要搞好实验教学：首先，化学教师要树立重视实验教学的思想，纠正一切"轻实验、重理论"的错误观点，做到"正人先正己"。只有教师对实验教学有足够的重视，才能教育和培养学生重视实验。其次，要建立健全完整的实验教学体系。完整的实验教学体系应包括：（1）实验教学大纲，教师的实验教学计划及教案。（2）学生实验室及系列教学所需的配套仪器、药品，教师实验教学准备室及药品仪器仓库。（3）配备足够的实验教师、实验员和仓库保管员，并制定明确的工作职责。（4）建立预习及实验报告制度。学生实验前应认真预习实验内容，对实验的目的原理及实验过程中的现象都应有一定的认识和了解，做到实验时心中有数，有目的地实验，而不是"照单抓药"，无目的、无计划地实验。最后，实验后学生应及时地写出实验报告。实验报告要求科学、真实地反映整个实验的全过程及实验的结果。报告的形式随实验类型的不同而不同，如性质实验、制备实验、验证理论实验等等。但其实质是共同的，必须目的明确，原理清楚，实验步骤简洁合理，实验现象描述全面、科学、实事求是，报告内容真实可靠。

（一）演示实验

化学演示实验是化学教学中的常用手段和重要组成部分，它作为一种直观、形象、真实的教学手段，一直受到教师的重视和学生的好评。教师通过演示实验，可以清楚而生动地阐明所要讲授的问题，集中学生的注意力，给学生以深刻印象。能启发学生思维，帮助学生形成正确的概念，获得新的化学知识。在演示实验教学中，从仪器的选用装配、实验操作、现象观察，以及综合上述的分析、推理、总结的全过程都是在教师的指导下，师生共同对新知识的研究与探索的过程。所以它对培养学生通过实验研究掌握物质的性质与应用原理，从现象分析本质，由特殊推理一般，自宏观论证微观等学习及体验研究化学的方法是具有重要作用的。而且在演示实验教学中通过教师的规范操作，对学生的实验技能、良好的实验习惯的培养、创造能力的提高以及全面观察、周密思考、认真实践、勤于探索等良好的个性特征的形成都将产生重大影响，所以演示实验在实验教学中占有很重要的地位和作用。

（二）演示实验教学的基本要求

1.认真选题及备课

教师在进行演示实验之前，对实验的题材一定要认真选择，必须明确该实验在教材中的地位、性质和作用，是属哪一类型的实验，它对理论课的教学有什么促进作用，是否符合大纲的规定，是否结合学生的基础水平，这些教师都应心中有数。实验题材一经选定后，就应该认真备课书写教案。

2.认真做好实验准备

教师在实验前必须认真地做好准备工作，准备好实验所用的试剂材料和仪器（特别是一些细小的东西，有时不注意会影响演示实验的完成，如火柴、玻棒、药匙等）。每个实验教师一定要预先做一次或几次，检查实验用品是否齐全，仪器有无破损，熟练操作方法，掌握试剂的性能和用量，估计实验所需时间，教师通过预试，还可以发现可能造成实验失败的细小问题，如试剂变质、试剂浓度不当及气温变化对实验的影响等。教师在预试时发现问题可及时地改进，否则在课堂上才发现问题再调整或解释，教学效果很不好。

3.注意演示实验的直观性

直观性是演示实验的基本要求之一，整个的实验，操作演示所用仪器及演示过程中所发生的实验现象，应当尽可能使每一个学生都看清楚。因此演示时应把实验用品按顺序放好，在实验桌上只放置实验必需的仪器装置。当有沉淀及有色气体产生时，应用黑白衬底增强其可见性，必要时为了放大演示实验，对有些演示实验还可借助幻灯机、投影仪等系列教学手段进行实验教学。

4.实验装置力求科学简单

很多化学实验可有多种方法来完成，教师此时必须针对具体实验，选择步骤最简捷、使用仪器及试剂最少而且符合科学要求的、实验现象最明显的方法，以易于学生观察和理解。

5.言传身教，注意操作的规范化

教师在做演示实验时操作必须规范化，教师不仅要注意言传更应注意身教，教师的一举一动对学生的影响往往比言教更深刻，若教师本身实验操作就不规范，就不可能培养得出实验操作规范的学生，学生一旦形成不规范操作的一些习惯性动作，要改变就比较困难。教师多数在注意操作规范的时候，操作是比较规范的，但一不注意，在实验过程中有些操作就会不规范。如往试管中滴加试剂，有时会将滴管伸到试管口内滴加，学生看到后也就会这样做。所以，教师的每一个动作，都是学生的榜样，教师应注意实验操作的规范性。演示实验时，每一细小的操作都应规范。安装实验仪器也应科学合理。

6. 合理安排演示实验的时间

演示实验与教材内容是紧密结合的，因此什么时候安排实验，教师要根据教学要求而定，过早或过迟地安排实验都会对教学有影响，而且实验的时间也不宜过长。演示实验本身是一种教学的手段，目的是让学生更好地接受本节课的新知识，增加理解，加深印象，所以教师在安排实验时对其作用效果及时间要有充分的估计，力求做到实验目的明确，原理清楚，步骤简洁，现象鲜明，在计划的时间内给学生以生动直观的教育。对比较复杂的实验、费时的实验，教师可根据其原理，科学地对实验进行精简，对不能精简的实验，可预先做一些非关键的步骤，如某些试剂的预处理、预加热等，总之演示实验时间把握的好坏是实验是否成功的重要因素。

7. 教师进行演示实验时的教学方法

在教学中教师的教学方法是很重要的，对演示实验也是如此。一个好的演示实验，若不配合以较佳的教学方法，结果也不会好。教学方法的选择无统一的标准，"教无定法"，教师可根据学生的具体情况及实验的特性，优选出最符合教学规律及实际情况的最佳方法。值得一提的是注入式的教学方法是不可取的，它不能调动学生的积极性，对学生观察能力和分析问题能力的培养不利，只会使学生死记硬背。

8. 演示实验的安全性

教师做演示实验一定要注意实验的安全，做到万无一失。除教师在演示实验时应严格遵守安全操作规则外，对实验中所产生的毒气、有腐蚀性的废液等都应事先做好处理的准备，万一实验过程中出现事故，教师要沉着冷静，及时地处理事故，对一些相对有危害的实验，如浓 H_2SO_4 的稀释、氢气的爆鸣实验等一般只要严格按操作规则进行还是比较安全的。另外教师应具备一些紧急救护的常识和药品，一旦发生事故，就能做到有备不乱，毕竟演示实验是针对学生而做的，它面对几十位学生，实验的安全工作一定要慎之又慎。

（二）学生分组实验

学生分组实验是实验教学的重要部分。学生的观察能力、动手能力、独立思考与分析问题的能力，主要是在分组实验中培养和体现的。教师应重视学生分组实验的教学。

1.认真备课，做好实验前的准备工作

教师在实验前应认真备课，写出完整的教学教案。实验课的教学有别于理论课，教师讲授一般应在 10～20 分钟内完成，所以教师在教学时，应认真分析实验，力求在有限的时间内，突出重点，讲清难点，突出本实验的目的、原理，对实验的关键步骤及相应的操作技巧认真讲解示范，对实验的注意事项介绍清楚，而不必将大量的时间用在一般步骤的讲解上。所以教师一定要研究学生实验教学的特殊性，力争做到重点、难点突出，而对一般步骤，学生预习时可以自学。

2.严格要求，健全实验预复习制度

健全学生实验的预复习制度，是上好实验课的重要手段之一，也是学生能力培养的重要方法。学生通过认真地阅读教材和教参书，经过分析和综合，写出实验预习报告，交教师审阅。学生经过这一自学的过程，对所要做实验的目的和原理有一定的了解，对实验的步骤有一定的认识。同时学生通过自学也会发现一些问题和疑惑，这样让学生带着问题听课，带着问题实验，学习的积极性及实验的认真程度会很高，同时可以减少学生实验的盲目性，做到心中有数。

对学生实验后的复习要求也是十分重要的，学生经过预习、听讲、实验以后，对所做实验进行复习：①可加深对实验的印象；②可增强对原来疑惑问题的理解；③可总结一些成功的实验技巧。总之，学生实验后的复习对学生能力的培养是大有益处的。

3.重视能力培养

培养学生的观察能力、实验能力、独立思考及分析问题的能力，是实验教学的主要目的之一。教师在实验教学中应将此目的贯穿于实验的全过程，除了在讲授时注意外，在实验的具体指导中，更应依据学生的能力因材施教。只要教师坚持这样做，相信学生的能力是会不断提高的。

（三）随堂实验

随堂实验具有演示实验和学生分组实验两方面的功能，因此它也兼有对这两类实验的基本要求。

1.精心选择实验。随堂实验内容必须符合以下要求：紧密配合教学需要，实验内容不宜过多；仪器简单，操作方便，反应在2～3分钟内能完成；现象明显、直观且不易发生异常现象；安全可靠，不污染环境，不易发生爆炸等意外事故。

2.做好课前准备，组织好教学，加强指导，搞好清洁卫生。

3.处理好教师耐心指导与放手让学生实验的关系，应循序渐进地放手让学生独立操作。处理好实验教学和理论教学的关系，既保持好学生热情又按老师指导有序地开展实验。

（四）实验习题

实验习题是学生实验中一种特殊形式，是一项创造性的劳动，既是实验技术的结合性反映，也是理论联系实际的最好方法。

要使实验习题课取得好的效果，首先，学生必须具有一定的实验能力，有良好的理论基础；其次，要选择与学生水平相适应的题目，并注意由简到繁，由易到难，循序渐进地逐步增加习题的探索成分；最后，要对学生设计实验方案加强指导和组织，注意指导学生由不完善到完善，由一般设计到综合设计，由设计实验到具体实验，对设计过程的问题，既不要包办代替，又要防止学生走弯路。要保护学生设计实验方案的积极性，鼓励其探索创新精神。

第六章 "导学互动"教学模式

第一节 "导学互动"教学模式的理论

认知学习理论的代表人物布鲁纳在其"认知发现说"中认为，学习是一个主动形成认知结构的过程。无论是什么学科，学生都要首先了解该学科的基本构架，并认识到教材中涉及的各方面知识之间的联系。新知识的获取是建立在已有认知结构上的，这样学生在学习新知识的时候就会迅速在潜意识中判断出学习的内容是否符合自身认知发展水平，在心理上不会抗拒对新知识的获取，激发了学生学习的潜力和主动性。

认知学的研究证明：学习者要想获取新知识，并将新知识与大脑中已有的知识构架联系起来，学习者必须对新知识进行某种形式的认知重组，形成新的知识构架。而重组的最有效途径之一是向他人解释新知识，及合作与交流。

认知学习理论推崇"发现学习"和"有意义的学习"，前者指在教师不加讲述的情况下，学生依靠自己的力量去获得新知识，寻求解决问题的方法；后者指学生通过具有潜在的逻辑意义的学习材料有意识地将新知识和认知结构中已有的知识观念客观地联系起来，即信息加工的能力。

教师在设计教学活动时应考虑到学生对相关知识的认知水平。从学生已有的知识结构或贴近生产、生活的现象引入新课，激发学生接受新知识的兴趣，然后出示导学提纲，让学生了解当堂课的知识构架，使学生从心理上接受并主动获取、构建新知识。即为"导学互动"教学模式的第一个环节——"提纲导学"。

学生群体普遍存在着合作与竞争。因为竞争，学生们充满斗志，学习的积极性高涨；因为合作，学生们共同进步。在教学活动中，合理地引入小组合作能够有效地促进老师与学生、学生与学生之间知识和情感的交流，活跃了课堂气氛，巩固了知识构架。即为"导学互动"教学模式的第二个环节——"合作互助"。

教师要适时地引导学生不断反思，通过归纳和演绎的方法将学到的新知识纳入到自己的知识理论体系中，不因记忆的时间遗忘规律而反复挣扎在"死记"和"不理解"的泥潭中。即为"导学互动"教学模式的第三个环节——"导学归纳"。

促进一个学生尽快掌握新知识的方法之一是做习题，评价一个学生对于知识的掌握程度的方法之一是检查习题完成情况，由此可见，反复训练对于教学活动是至关重要的。单纯的化学知识对于学生来说没有任何用途，只有通过训练，学生才能体会到知识从点到面再到整体的过程，才能真正将新知识纳入到自己的知识体系中。即为"导学互动"教学模式的第四个环节——"拓展训练"。

一、"导学互动"教学模式

（一）"导学互动"教学模式的基本内容

"导学互动"教学模式是以"导学结合"和"互动探究"为特征的教学模式，它的教学理念是"变教为导，以导促学，学思结合，导学互动"。教学模式分为四个环节：第一环是"提纲导学"，教师先根据教学内容创设问题情境，然后出示预先编好的"导学提钢"，学生根据"导学提纲"对教材进行自学。第二环是"合作互助"，根据学生自学导学提纲的情况，在教师的引导下进行讨论、交流自学难以解决和有探究价值的问题，共性问题由教师精讲。第三环是"导学归纳"，先让学生利用板书对教学内容进行回顾，提炼出教学内容的精要，教师再引导学生通过分析、比较、归纳、总结等方式将本节知识融入学生已有知识构架，并加以提升。第四环是"拓展训练"，教师精选训练题，让学生进行自查和拓展运用，同时让学生尝试自编训练题，展示出来共享。

（二）"导学互动"教学模式的设计目标

1.提高高中化学教师的教学业务水平、教学热情和应变能力

相比初中化学，实施"导学互动"教学模式对高中化学教师的要求更高。尤其对个人教学经验浓重的老教师，再也不能千篇一律地按照老套路进行机械的重复，这样无法实现与"三维"教学目标的接轨。"导学提纲"的编写要随着教材内容与形式、学生心态等教学环境的变化而变化，这对于新、老教师都有不小的难度。组织课堂不能再是直接的知识灌输，教师应该既要关注学生，又要关注教学内容。教师在组织教学材料时要考虑到学生接受知识时的反应和变化，将教学模式融入到教学材料中，进而融入到课堂教学中，这样教师在教学实践中就会逐渐从适应到熟悉，再到得心应手，既提高了教学热情，又提高了教学业务水平和应变能力。

2.提高学生学习化学的自学、探究、合作意识

"兴趣是最好的老师"，学生的主体性在课堂教学中至关重要。一节课，只有学生喜欢了，他才会参与其中并且保持长时间的关注。在教师的引导下，学生主动求知，创新意识得到充分激发，围绕"导学提纲"自主学习，在小组合作中探究解决问题的方法，或者带着疑惑倾听教师的讲解，这样的学习才是学生全程参与的学习，长期下来有利于提高学生学习化学的自学、探究、合作意识。

3.实现化学高效课堂

新课程标准中强调提高课堂效率与素质教学并重，即高效课堂。"导学互动"教学模式中，学生首先通过教师提前编写好的"导学提纲"掌握了大多数的基础知识，然后通过合作、探究、交流解决一部分问题，最后带着较复杂的共性疑问认真听取教师的讲解进而掌握本堂课所有知识。这样，宝贵的 40 分钟课堂时间中，学生作为主体参与教学活动，实现了高中化学高效课堂的目标。

二、"导学互动"教学模式应用于高中化学教学的可行性分析

（一）新课程标准下的高中化学教材分析

教材是学生学习的重要参考材料，随着课程改革的不断深入，我国的高中化学教材版本不再单一。较常用的有人民教育出版社、山东科技出版社和江苏教育出版社三个版本，其教材的编写依据都是中华人民共和国教育部指定的《普通高中化学课程标准》，同时结合地区特点和自身的编纂理念。

山东科技出版社（鲁科版）的高中化学教材在内容编写上按照《基础教育课程改革纲要》和《普通高中化学课程标准》的要求，注重培养学生的科学素养及创新、探究、合作能力，最终目的是为国家培养符合当今社会要求的高素质人才。依据新课程标准的编写理念，教材内容提供了学生以后进入社会应对日常生活、进行科学研究必需的化学基本知识和技能，为选择理科继续学习选修教材的学生打下基础。

鲁科版化学教材设置了多种多样的学习栏目，目的是培养学生的科学素养和实践能力。例如一些科学探究栏目，提供了多种不同的科学研究方法和过程，为提高学生的科学探究能力和实践能力提供了很大的帮助。

鲁科版化学教材使用了大量的插图。插图是一种信息传播工具，具有直观、形象的特点，是一般文字描述所不能比拟的。插图是对文字内容的辅助、拓展，在教学过程中，有助于保持学生的兴奋度，加深学生对于知识的记忆。

鲁科版化学教材安排了大量的实验。一次成功的实验会大大地激发学生学习化学的兴趣，既掌握了化学知识，又培养了学生的动手能力和科学探究能力，有益于培养学生的科学素养，其效果不亚于一个经验丰富的教师完美生动的一节课。

鲁科版化学教材提供了丰富的习题。既有利于学生对所学知识的巩固，又为教师把握教学难度起到了引导的作用。

总之，"导学互动"教学模式中激发学生学习兴趣，培养学生自主学习、探究学习能力，提高学生科学素养的理念在鲁科版化学教材的编写中均有体现。从化学教材编写方面来说，"导学互动"教学模式是可行的。

（二）高中生心理特点分析

高中学生智力水平达到成人高峰状态，能够在较长的时间内对自己感兴趣的事物保持注意力。观察的目的性较强，但欠缺系统性和全局观，同时也不太准确。高中学生的思维方式正在逐渐从直观过渡到抽象，初步具有理智思考问题的意识，但常常需要感性支持来保持注意力的集中。高中学生的思维比较活跃，经常提问题，能判断是非对错。

高中学生倾向于坚持自己的观点，希望被认可，爱争论，但并不排斥不同观点，在有理有据的情况下会接受观点。高中学生不愿意被"牵着鼻子走"，希望独立解决问题，但由于知识储备比较薄弱，容易偏激。高中生充满激情，容易冲动，充满信心，做事果断，能在一定程度把握住自己，能克制，有一定自制力。高中学生有较强的自我意识和自尊心，希望得到他人的理解和尊重。

教师在高中化学教学中实施"导学互动"教学模式时应充分考虑高中生的心理特点，抓住高中学生自主意识较强、爱争论的特点，进行分组讨论，使学生能够通过合作交流的方法解决课堂上的大多数问题，引导学生培养抽象思维以及合作、自主、探究的能力。同时考虑到高中学生自尊心强而兴趣不持久的特点，要引入竞争机制，多夸奖，以保持学生的学习兴趣，提高自信心。

（三）对高中化学教师素质的要求

随着课程改革的不断深入，教师专业化的趋势日益明显。教师的专业化要求教师转变角色，从教学活动的"独裁者"变为教学活动的组织者、参与者、引导者。教师要给予学生以关爱和理解，要放下身段与学生交流互动，要学会创新，与时俱进。专业化的教师要提高身体语言的表达技能和激发学生学习动机的技巧，掌握娴熟的课堂驾驭技能和实验教学技能，并要有终身学习的意识，在学习中不断发展。

没有过硬的基础知识，教学技巧和应变能力是无法驾驭"导学互动"教学模式的，教师在备课时应当熟悉当堂课所有相关知识，并将课堂教学过程中可能会遇到的学生提出的各种偏激问题和各种状况都考虑在内，才能做到真正的高效课堂。

第二节 "导学互动"教学模式的构建

一、编写高中化学"导学提纲"应遵循的原则

"导学提纲"是"导学互动"教学模式中一切教学活动的出发点和归宿，也是"导学互动"展开的主线。尤其是化学课导学提纲设计的好坏，会直接影响合作互动的质量及教学课堂的效率。高中化学课导学提纲的编写，需要遵循的原则有：

（一）问题情境的创新性

高中化学知识一部分与日常生活、自然现象、当代科学技术紧密相关，但还有相当一部分是理论性较强的内容，知识点散而多，且需要一定的逻辑思维能力，比较枯燥，部分学生从心理上抗拒化学。要改变这种状况，教师在编写导学提纲时，其首要任务就是设置有新意、有创造性的问题情境，要在一开始就吸引住学生，激发学生的好奇心和求知欲。

比如讲到"硫酸根离子的检验"可设计一个实验：取一溶液（标签背向学生），加入几滴氯化钡溶液（产生白色沉淀），继续加入稀硝酸沉淀不溶解，然后面向学生发问：这种溶液里有无硫酸根？大多数学生不假思索地回答：有。这时教师慢慢拿起盛有溶液的试剂瓶，并把标签面向学生，标签为硝酸银，学生愕然，转而恍然大悟，学生们兴奋了。教师接着让学生讨论：该怎样检验溶液中有无硫酸根？使学生悟出用氯化钡作试剂检验硫酸根的前提条件。

（二）问题链的梯度性

高中化学教材中每一节的内容大多从学生感兴趣的日常生活、自然现象、前沿科技等引入到逐步复杂、抽象的化学式、化学方程式或更深层次的化学原理、相关计算。学生善于理解和记忆简单的基础知识，却不善于对基础知

识进行二次挖掘和联想运用，往往陷入前半堂课"如沐春风"，后半堂课"如临深渊"的怪圈。所以，高中化学"导学提纲"的设计应该把每一节的知识点设置成有梯度的问题链，由浅入深，使学生自然而然地将新学的基础知识原理一点一点整合进已有的知识构架，并灵活运用。

（三）习题设置的多样性

化学的学习不是简单的化学方程式和化学原理的堆叠，要想将新知识融入已有知识构架，练习必不可少。适量的习题有助于加深学生对新知识的记忆与理解，以达到举一反三、触类旁通的效果。所以，一节优秀的高中化学课，习题的设置尤为重要，数量不要太多，但要有广度，更要有深度。

二、"导学互动"教学模式在高中化学课堂实施的具体步骤

（一）提纲导学

第一环是"提纲导学"，这是教学活动的起始环节。首先，根据本节课内容特点选取合适的导入题材（复习回顾、小故事、趣味实验等），创设问题情境，激发学生的学习兴趣；然后出示预先设计好的"导学提纲"，让学生依据"导学提纲"对教材进行预习；同时引导学生在完善"导学提纲"时，发现问题，解决问题。

1.激趣引入——"提纲导学"环节的第一步

这是整个课堂教学的开端。俗话说："良好的开端等于成功的一半。"所以在各教学环节中，导入在课堂教学中具有重要的地位。运用得当的导入，能够迅速激发学生的学习兴趣，集中学生的注意力。教师在设计导入内容时，要明确教学目标，围绕教学内容，贴近学生的生活实际和知识水平创设问题情境。导入内容的设计要简短，目的要明确，题材可新奇、可回顾、可直击重点。形式上要创设问题情境，如讲化学史故事、描述社会热门话题、举生活实例、做演示实验等。

2.出示"导学提纲"——"提纲导学"环节的第二步

"导学提纲"是教学活动的主线，教学活动的每一个环节都要围绕"导

学提纲"进行，教师组织、引导教学活动，学生自主学习都离不开"导学提纲"。教师根据化学学科特点和学生的知识水平，围绕教学内容、教学目标和教学的重点、难点，预先编好"导学提纲"。导学提纲包含五部分内容：

①本节课的学习目标、重难点、与已有知识构架的联系。

②简单问题和基础知识点的呈现。这部分内容大多数学生都可以通过自主学习来解决和掌握。呈现方式可以是问题式、填空式、框架式等。

③复杂问题和探究式知识的呈现。这部分内容多数学生可以通过小组讨论、合作互助的方法来解决和掌握，多以问题链的形式呈现。期间，教师要引导学生利用问题链逐步探究问题解决的方法，体会科学探究在化学学习中的重要性。

④知识梳理。在这里学生要梳理的不仅仅是新知识，还有掌握和运用新知识的方法，同时找出自己仍存在的困惑和不足。

⑤反馈练习。学生针对本节课学习的新知识进行应用训练，巩固新知识的同时进行自我检测以判断是否达到学习目标。

新课导入之后，教师出示导学提纲。导学提纲的出示时机要根据新授课、实验课、习题课、复习课的不同灵活掌握，可集中出示，也可在课堂教学中逐渐展开。导学提纲的出示形式可以根据本节课的课堂性质和学校的硬件条件选择小黑板、电子白板、活页等。

3.做自学设疑——"提纲导学"环节的第三步

学生在教学活动中处于主体地位，教师在教学活动中处于主导地位。学生依据"导学提纲"对教材进行预习，把遇到的问题作好记录。在这一步，教师要充分相信高中学生独立思考问题的能力，给学生充分思考、消化教材的时间。这样学生才会带着自己处理过的疑问认真听课，主动交流，逐渐掌握自学的方法和能力。

（二）合作互动

第二环是"合作互动"，这是课堂教学的中心环节。学生依据"导学提纲"预习之后，会解决一部分问题，发现一部分问题。学生情况良莠不齐，需要通过小组交流讨论解决一部分问题。这时正是学生发挥主体作用的时候，学生亲身参与到问题的发现与解决中,"百家争鸣""取长补短"。学生学会知识的同时表现了自我,亲身证明了学习的价值,攻克疑难的"战斗力"强劲且持久。

1.小组交流——"合作互助"环节的第一步

学生在导学提纲的引导下预习后,会遇到或提出一些问题,这时教师引导学生进行分组交流讨论,各抒己见,相互借鉴,解决一部分问题。

学习小组按照"组内程度各异,组间程度相近"的原则进行划分,挑选组织能力强、善于表达、敢于质疑的学生担任学科小组长,带领组员积极主动地参与小组交流,既要勇于提出自己的观点和看法,又要能够虚心接纳别人的意见和建议。交流讨论过程中,巡查各小组,关注各小组讨论情况,必要时参与讨论。

2.展示评价——"合作互助"环节的第二步

讨论结束,由小组代表将解决的问题提出来进行成果展示,教师对解决问题多且质量好的小组进行表扬、奖励、评分。

3.质疑解难——"合作互助"环节的第三步

由小组代表将不能解决或存在的共性问题提出来,让已解决此问题的小组进行讲解。若学生的讲解不详尽或有漏洞,教师要及时指出,并引导学生完善。对学生都无法解决的问题,由教师来讲解,要精讲。教师要精讲的是学生容易出错的、容易混淆的和容易遗漏的内容。教师在精讲时要特别注意逻辑性和严谨性,这时教师要给学生的潜意识中灌输科学素养。

(三)导学归纳

第三环是"导学归纳"。学生初步理解本节课内容之后,在教师的引导下对本节课内容进行回顾,弄清不同知识点之间的联系和相近知识点之间的区别,"庖丁解牛"找出知识要点和难点,归纳学习本节课内容所使用的方法。教师再引导学生通过分析、比较、归纳、总结等方式将本节知识融入学生已有知识构架,并加以提升。

1.学生归纳——"导学归纳"环节的第一步

"合作互动"环节之后,学生已解决了本节课的绝大多数问题。这时教师利用已设计好的板书引导学生进行总结归纳，通过分析、比较，结合学生已有知识构架，培养学生对知识的整合能力。教师的引导必不可少，好的引导会使学生的归纳事半功倍。引导要适当，过多的引导会影响学生的自我发挥；引导过少或不引导则会影响学生对知识的掌握。

2.教师指导——"导学归纳"环节的第二步

学生归纳之后，教师对学生的表现做出评价，以示鼓励。学生归纳不完整、不严谨或错误之处需教师指出，并加以提升。这样学生在掌握本节课知识的同时又增强了信心，有助于提高学生归纳、整合的能力。

"导学归纳"决定了一节课的成败。在前两个环节，无论学生小组交流的热情有多高，问题解决得有多成功，失去这个环节，都只能说是"行百里者半九十"，学生学到的知识如同手里的沙子般容易流走。不让它流走，就必须给它加钢筋水泥，这就是知识的归纳整合。

（四）拓展训练

第四环是"拓展训练"。学生在完成本节课内容的学习之后，开始解决"导学提纲"中的习题，以达到巩固知识、提高知识运用灵敏度、拓展解题能力的目的。同时要求学生根据自己理解的知识重、难点对一些题目进行变化甚至新编习题，锻炼学生对知识的"正—反"运用。

1.拓展运用——"拓展训练"环节的第一步

练习题是学生对新知识掌握程度的直接反馈。教师编写练习题要贴合本节课知识点，联系旧知识点。要充分考虑学情，不能让学生"一看就知"，也不能让学生"绞尽脑汁而不得"。上课时间有限，练习题数量要合理，学生要当堂完成。

学生按要求进行练习。教师进行巡视抽查，发现学生在做题中出现的问题。学生完成练习题之后，教师要考虑到不同程度的学生，对共性错误进行有针对的集中解答，让学生明白错在哪里，给学生反思的时间。

2.编题自练——"拓展训练"环节的第二步

教师引导学生根据自己对本节课知识的理解编写练习题，"在精不在多"，选择知识运用巧妙的题目展现给学生，让学生进行练习。学生编写的训练题直接反映了学生对于本节课知识的掌握程度和关注点，有利于教师及时发现学生对于本节课知识的优势和不足。

"拓展训练"是对学生掌握知识点的巩固、应用和证明，也是对教师本节课教学成败的试金石。没有"拓展训练"是有缺憾的一节课。学生对于任何知识点的掌握和巩固都是在不断地训练、再训练中完成的，这样才能达到灵活应用。

以上就是"导学互动"教学模式在高中化学中构建与应用的具体操作步骤。"四环十步"缺一不可，环节间的排序不可调换，环节中的步骤根据教情和学情的不同可自行适当调整。

第七章　翻转课堂教学模式

第一节　翻转课堂教学模式的理论基础

一、有关概念的辨析

（一）教学模式

教学模式就是一种比较固定的教学框架和流程，它是在一定的理论基础上建构起来的。教学模式既是一种框架又是一种程序。因为不仅要把握整个教学活动，还要协调各教学要素间的关系和功能。教学模式具有充分的有序性和可操作性。不同的教育观念会催生不同的、具有各自特色的教学模式。比如在认知心理学的影响下就形成了概念获得模式和先行组织模式。再比如人的心理活动有些是有意识的，有些是无意识的，人的理智和情感在认知中是统一的，所以以此为基础又形成了情境陶冶模式。不同的教学模式都有自己的特点，但是它们也有一个共同点，那就是都需要完成一定的教学目标。教学目标制约着教学模式的其他组成因素，它是教学模式操作程序的决定因素，同时也是师生关系的重要决定因素。当然评价教学质量的标准和尺度也是依据教学目标来制定的。教学目标是教学模式存在的宗旨和服务目标，并决定了教学模式的个性和风格，二者是内在统一的。

（二）传统教学模式

我国传统教学模式主要是"知识传授型"，其教学目标就是要系统传授知识，培养基本技能。在教学过程中通过对学生记忆力的挖掘、通过对学生逻辑思维的强化、通过间接经验的刺激来帮助学生提高学习成绩。这样的教学模式下，学生能够在较短的时间内尽可能地掌握更多的信息。在这种教学模式中老师的指导作用是最重要、最受重视的，大家认为只要老师教得好，学生就一定能学得好。所以在这种教学模式下老师是课堂的权威，是课堂的主导，老师在课堂里的教学行为是大家的关注重心。然而学生作为学习的主体，他们的学习责任反而在被逐渐淡化。这么多年的发展证明这种教学模式最大的优点是：在学习者有较高学习兴趣及较迫切的需要的前提下，学生的学习效益是可以很高的。所以在相当长的时间里它是稳定发展的。

（三）翻转课堂教学模式

"翻转"是传统教学模式的一种颠覆。学生们首先要通过观看老师提前录制好的教学视频自己学习知识，并通过典型预测题将学习情况由"学习平台"反馈给老师，然后老师会在课堂上根据学生作业中反映出来的问题和重难点进行有针对性的讲解，或组织讨论让学生在相互合作的过程中掌握知识要点。在整个教学过程中学生是学习的主体，教师要根据学生的学习情况来组织教学，确定具体的教学内容，这样更容易攻克教学难点，突出教学重点。

二、翻转课堂教学模式实施的理论基础

在翻转课堂教学模式下，学生首先在老师的要求下利用教学视频等资源进行自学，然后在课堂上通过做实验、讨论、演示、练习等环节进一步加强知识的学习。在整个过程中充分体现了构建主义中的一些有意义的观点，即"学生是学习的中心，是教学活动的积极参与者和知识的积极建构者；教师是学生建构知识的忠实支持者、积极帮助者和引导者"。

掌握学习理论认为之所以很多学生不能获取较为优秀的学习成绩，原因不是他们的智力发展有缺陷而是得到的关注不到位。如果在"线索、参与、强化和反馈、纠正"等方面给予其足够的关注，那么在理论上每一个学生都能在老师的帮助下取得较为满意的学习成绩。翻转课堂教学模式在这方面做出了自己的尝试，使教师扮演的角色发生了较大的转变。在整个课堂教学过程中教师更像是一个管理者而不是主要参与者，教师的主要任务不是讲授知

识，而是引导学生自己去发现、去认知、去解决问题。他会给出一定的线索，告诉学生应该通过什么样的方式去习得某某知识，然后放手让学生自己或独立或合作地去完成这些任务。而教师则会从当堂讲解知识的模式中解放出来，将更多的时间用于关注学生的已有认知和技能，关注学生的学习激情、动机等学习状态，关注教学的有效性。同时教师将会有更多的机会通过赞许、微笑等手段来强化学生的学习行为、学习动机等。

翻转课堂教学中有很多学生自主完成的教学活动，所以在给学生设置学习任务时必须要从最近发展区理论入手。就像维果茨基所说的"教学创造着最近发展区，儿童的第一发展水平与第二发展水平之间的动力状态是由教学决定的"。探究问题的难度应该是适宜的，应该是学生通过努力能够得以解决的。这样的问题才能够引起学生的征服欲望而又不会较大程度地伤害学生的自尊心和积极心态。这样学生才能主动去发现问题、解决问题，并有希望长久保持，才能够使学生在解决问题的过程中建构起对知识的理解，而不至于打击学生的学习兴趣或使学生停留在现有的发展水平上。也就是说要保持"教学在发展的前面"，而又不能超出学生可能达到的最高水平。

翻转课堂的最终目的是满足学生各种层次的需要从而产生内驱力，形成学习动力。用"尽可能少的时间、精力和物力投入，取得尽可能多的教学效果，满足社会和个人的教育价值需求"，实现有效教学。

第二节　翻转课堂教学模式的实施

第一步：教师的课前准备工作。

包括整理相关教学资源、制作教学 PPT、录制教学视频。

每一段教学视频就是一节完整的课堂教学，由于不能和学生面对面交流，所以视频的制作难度较大。作为教师为了尽可能地让教学内容丰富、有趣，首先就得广泛收集与教学内容相关的各种信息即教学资源，如社会新闻、化学史以及该部分知识在生产、生活中的应用实例等方面的文章、图片或视频。然后结合教材核心知识，选取合适的信息，整合成教学 PPT。PPT 的整体设计是吸引学生注意力的重要因素，因此需要加入一些趣味性因素，比如，学生感兴趣的背景图片、音乐或动画等，而其他辅助信息则以课外阅读的形式上传到学习平台上供学生课余时间查阅，然后才可以开始录制教学视频。在缺乏面对面交流的视频教学中语言艺术显得尤为重要，所以整节课的录制过程中需要通过语音、语调的变化来集中学生的注意力，需要将教师饱满的精神状态通过听觉效果传递给学生。在录制过程中教师要把它当作是一堂真正的课来对待，课堂的各个环节也必不可少。在讲课伊始需要通过创设教学情境来引入新课，如，通过引导学生分析和关注当前社会的热点问题（如资源节约型、环境友好型社会的建设以及生活中的一些疑问等）建立化学学习与生活的关联性。这样不仅可以增强学生的兴趣，还可以使学生在关注生活中的化学问题的同时感受到学习化学的意义，同时也能促使其学习热情的高涨、生活品质的提升，最终达到知识的有效迁徙。在讲课过程中需要提问的要提问，需要讨论的要提出要求，哪怕无法当场作答也要让学生不断思考、提出自己的想法以便老师组织讨论时用到。讲到重点、关键之处时需要的板书及标记要随着讲解体现在 PPT 或空白页面上。

第二步：翻转课堂教学模式的具体实施。

翻转课堂与传统课堂最大的不同在于先学后教，基础知识的学习在课外，利用知识解决问题在课内。比如高中化学人教版必修 1 第四章第 2 节"富集在海水中的元素——氯"的学习可以简要分如下几个步骤进行。

第一步，执教老师根据这一节的教学任务制作适合自己学生的学习任务单。

第二步，学生在自习时间通过教材、教学视频等教学资源完成学习任务单上的课前学习任务。

第三步，也就是课堂教学的前8分钟左右用于课前学习任务的展示和点评释疑。通过投影仪展示某学生的课前学习任务单，其他学生将其与自己的学习任务单对比后进行点评或提出疑问、表达不同的意见等。老师的主要任务就是解决学生提出来的其他学生又解决不了的疑难问题。

第四步，学生分组实验，实验时间控制在10分钟左右。以小组为单位完成合作探究中的两组实验并记录实验现象。老师需要强调实验安全并巡视学生的实验，指导学生实验的基本操作和引导学生观察实验现象等。

第五步，小组讨论，约为5分钟。根据小组实验及教学视频的内容，组员之间针对合作探究中的结论等进行讨论并形成小组内统一的结论进行汇报。老师在巡视的同时要帮助某些小组解决他们解决不了的困惑，并在小组间有不同意见时引导大家分析选择更加正确的答案。

第六步，课堂巩固练习，约17分钟。学生完成学习任务单上的习题后先自己核对答案并修正，然后小组间进行讨论纠错。老师要留意学生的解题过程和思路，在适当的时候给予方法上的点拨，对某些易错问题进行点评讲解。

第八章　任务驱动教学模式

第一节　任务驱动教学模式的理论

一、相关概念的界定

（一）任务驱动教学模式的界定

1.关于"任务"

"任务"一词的英文是"task"，翻译过来有"作业""工作"的意思。在中文字典的意思是"指定担负的工作或责任"。而任务驱动教学中的"任务"是指经过教师精心挑选和组织的、能在一定程度促进学生掌握课本知识的同时也提高能力的一项作业，它贯穿在整个教学的始终，但不能等同于我们常说的练习。"任务"一般是在介绍完某个知识框架后被提出，一般与生产、生活实际相关联，设计的难易程度会依据学生的实际情况而定。任务还会分得更细，以满足不同水平学生的要求。所提出的任务要能够激发学生的学习兴趣、启发学生的思维能力等。

2.关于"驱动"

"驱动"这个词在计算机教学中应用比较多，英文为"drive"，有"推动""驱赶"的意思。单从字面上看，很容易理解成通过任务来"迫使"学生学习，这种观点是片面的。任务驱动教学模式强调学生是学习的主体，所以学习的驱动力是源于学习者本身的。本研究将"驱动"理解成学习者在执行任务过程中发生认知冲突，为获得认知平衡，学习者会通过自身的努力去解决这个矛盾。而这种驱动力是可以培养的，比如教师的鼓励能给学习者一定的成就感，这种驱动力会不断地增强。所以，教师在进行教学过程中要进行适当的鼓励，以增强学生学习的动力。

3.关于任务驱动教学模式

任务驱动教学模式的思想源远流长，可以追溯到我国的教育学家孔子所提出的"学以致用"。它的概念界定经历了一个漫长的发展过程，最早是在德国出现，当时被称为"范例教学"，倡导者为德国教育家瓦根舍因和克拉夫基。克拉夫基认为，范例教学提倡学习者的独立性，让学习者能从选择出来的例子中获得知识和能力，并且这就需要选择典型而清楚的例子进行教学。通常，任务驱动教学模式被定义为建立在建构主义理论基础上的、以任务为主线、教师为主导以及学生为主体的一种教学方法。随着任务驱动教学法的功能不断被发掘，任务驱动教学模式越来越被重视，主要在计算机教学和语言教学中广泛运用。

但是不同的研究者对其涵义有不同的理解：

韩亚珍认为"任务驱动"教学法即在教学中通过任务来驱动学习过程，使学生积极主动学习，利于学生形成主动学习习惯。她指出为了使学生提高求知欲望，就得给学生提供获得成就感的机会，让其在这个过程中形成良性循环，从而形成积极的学习态度。

李代勤则根据多年的实践经验，将任务驱动教学模式理解为是一种有效的、能够极大拓展学生知识面、能够将所学知识与实践及时结合起来并且有助于学科教学与信息技术整合的教学模式。

他指出这种教学模式的优点是能最大程度地消除学生学习的盲目性，在运用中能提高化学的学习效率。

顾丽英、沈理明则将任务驱动教学模式运用到导学案中，尝试用导学案驱动教学。他们认为任务驱动教学是指学生在前一天对"导学案"预习的基础上，在教师的指导下，紧紧围绕一个个循序渐进的任务，在强烈的问题动机的驱动下，进行自主学习和合作探究，完成预定学习内容的活动。教师将任务导学案布置给学生，促使学生主动预习，有目的地掌握新课的重难点，从而提高学习的效率。

营口职业技术学院的郑革认为任务驱动教学模式属于探究式教学中的一种，他从学习者的角度和教师的角度对该教学模式进行了分析。从学习者的角度看，任务驱动归属于一种学习方法，它能够帮助学习者明确学习目标，掌握知识与技能。从教育者的角度看，则是一种教学方法，能够培养学生分析问题、解决问题的能力。

笔者对学者们提出的任务驱动教学模式观点进行深入剖析、理解，结合教学的实际情况，引用南京师范大学崔赞在其论文《任务驱动教学模式在初中化学实验教学中的应用研究》中的观点，即任务驱动教学模式是在创新教育和素质教育思想的指导下，能激发学生学习动机和学习兴趣、引导学生进行自主探究且能培养学生创新思维的一种稳定的教学结构形式。

（二）创新思维的界定

1."创新"的含义

创新是人类进步的灵魂，创新关系到一个民族的兴衰成败。那么，什么是创新？创新涵盖的领域很多，包括经济、社会、科技、文化等各个领域。不同的领域对创新的定义有所不同：在社会学上，创新是指为了发展的需要，人们运用已知的信息去突破常规，并从中发现或产生某种新颖、独特的具有一定价值的新事物或新思想的活动。它强调创新的本质是突破，即突破定势思维和常规，指出其活动的核心是"新"，即新事物，不管是结构、性能还是内容的表现形式上，都要具有创造性；在经济学上，创新简单地说就是对一切旧事物的替代；在化学上，创新则是指人类在已有物质世界的基础上进行再创造，从而产生新的物质形态的过程；在教育领域上，则把创新定义为通过激励学生主动参与、主动发现问题和解决问题，培养学生创新精神和创新能力的活动。

从"创新"一词的发展时间上看。据考查，"创新"一词起源于拉丁语里的"nnovare"，所包含的意思是更新或改变旧的东西。我国在《南史·后妃传·上·宋世祖殷淑仪》中也出现过"创新"一词，其意思是创立或创造。1912 年，"创新"概念被美国的经济学家熊·彼特在他出版的《经济发展概论》中正式提出，指的是通过引入新的思想、方法等将生产条件和生产要素进行新的组合，从而建立一种新的生产函数。当时的"创新"是从经济学角度进行理解的，它更强调的是技术方面的创新。随着时间的推移，人们对创新有了新的见解。我们所说的"创新"是指通过对中小学生进行教育，使他们作为一个独立的个体，能够善于发现和认识有意义的新知识、新思想、新事物、新方法，掌握其中蕴含的基本规律，并具备相应的能力。对于学习者来说，能够凭借自己已有的知识经验，独立去发现未有的知识经验，都可以称为创新，这也是我们创新教育期望能达到的目标。

2. 创新思维

创新思维是创新能力的核心，而构成创新能力的要素主要有（如图 8-1）：

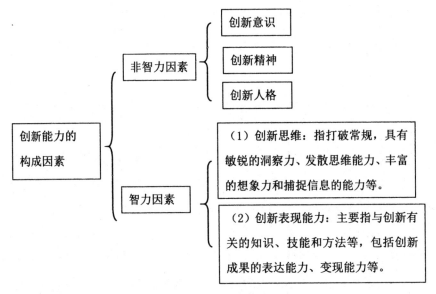

图 8-1　创新能力构成因素

要想提高学生的创新思维能力就得从创新能力的构成要素入手。而对于创新思维能力的培养，阁立钦教授认为："创新教育是以培养人的创新精神和创新能力为基本价值取向的教育。"从中可以看出教育具有培养人的创新精神的功能。苏霍姆林斯基认为："人的心灵深处都有一种根深蒂固的需要，这就是希望感到自己是一个发现者、研究者、探索者。"

可见，通过教育活动来培养学生的创新素质能够实现创新教育的价值，而创新素质要通过创新思维的训练激发出来并得以提高。

思维是一种心理现象，创新思维是思维的最高形式。创新思维与其他思维形式的区别在于：它是综合性的，是发散思维、联想思维、质疑思维等多种思维形式的统一，具有一定的价值性和新颖性。从内涵上看，不管是对群体还是个体来说，创新思维是用独创的、新颖的方式解决问题的一种思维过程。创新思维有广义与狭义之分。广义的创新思维是指人们在提出问题和解决问题的过程中，一切对创新成果起作用的思维活动。而狭义的创新思维则是指人们在创新活动中直接形成创新成果的思维活动，诸如灵感、直觉、顿悟等非逻辑思维形式。

笔者研究的对象是中学生，综合以上对创新思维的理解，将创新思维定义为学生个体在独立思考过程中经历的以前未曾出现的、较为新颖而独特的想法。这个想法不是偶然得到的，是经过长期准备和尝试之后获得的。

二、任务驱动教学的理论基础

任何教学模式的建立都需要正确的理论来指导，只有在科学理论的指导下，新的教学模式才会更具生命活力。任务驱动教学模式是在建构主义理论、动机理论等有着坚实教育学和心理学基础的教学理论上构建的，充分吸收这些理论的精华，针对现行教育中存在的问题进行新的探索。

（一）建构主义理论

建构主义属于认知理论，由瑞士心理学家皮亚杰于1925年首次提出。建构主义的教学思想归结起来主要包含了三个基本观点：第一，知识观，知识是动态的，它会随着人们的认知深度而不断发生改变，所以说知识不是准确无误的，我们要根据具体的情境进行具体的分析，从而获得合理的知识。第二，学习观，学习不是简单地获取知识的过程，也不是简单地存储知识的过程，而是在学生接触新知识的过程中出现经验冲突而引发认知结构的变化。这个过程是学生获得意义建构的过程，学生可以根据已有知识经验，选择性地对接触的信息进行加工处理，从而完成对知识的建构。第三，教学观。教学过程将以往传授现有知识的教学方式，转变为以学生原有知识为出发点，促进学生知识经验的生长。所以，为了能够激发学生的思维活动，教师要为学生精心设计学习情境，促进学生对知识的意义建构。

建构主义学习理论给我们的启示：

1.注重以学生为中心

传统的教学强调"教"，教师是课堂的主角，而新课改要求以学生为主体，学生是学习的主观能动者。所以，课堂上要充分发挥学生的主体作用，把课堂还给学生，让学生成为知识课堂的主人，如课堂上交给学生一些学习任务，促使学习方式的转变。

2.注重"情境"的创设

创设与生活相近的问题情境，给出一定的学习任务，利用某些生活经验激发学生原有知识，促进学生对知识的意义建构。

3.注重"协作"的影响

课堂上多给学生动脑、动嘴的机会，多创设开放性问题，引导学生多方面、多角度对问题进行思考。让学生多与同伴进行交流学习，通过思想的碰撞不断提升自己的智慧，从而培养学生的独立思考能力和创新能力。

（二）动机理论

动机是维持活动的内在驱动力，受外部环境的刺激，能够指引学生进行学习。由于动机涉及多种现象，所以不同的心理学家对动机的解析各不相同，由此形成了具有相同核心价值的各种动机理论，即其核心目标均是要激发学生的学习动力。以下将阐述与本研究课题相关的几种动机理论：

1.行为主义动机理论

行为主义动机理论于20世纪初兴起，其代表人物为桑代克汀（Horndike）。他认为通过强化和惩罚能够加强或削弱某种行为。强化包括正强化和负强化，正强化是指某种行为在获得奖励或鼓励等满意的刺激后能够增强该行为；负强化是指产生行为的后果不利时，该行为会减弱。行为主义强调正强化的重要作用，如通过奖励或者获得优秀的成绩来激发学生的学习动机。所以，老师适当给学生一些鼓励或者表扬，能够激发学生学习的动力。但是行为主义认为，外在动机对于对学习任务原本没有兴趣的学生更容易起到强化的作用，而对于对学习任务本身具有较高兴趣的学生反而起到削弱的作用。所以，在实际教学当中我们要根据具体的情况进行强化。

2.人本主义动机理论

人本主义的主要创始人为马斯洛，马斯洛在解析动机时特别强调"需要"的重要作用，他认为人的行为来源于我们的需要。需要同时受多种因素的影响，所以不同的人处于同一种情境当中可能会产生不一样的行为。马斯洛的需要层次理论将人的需要分为 7 个层次，如图 8-2 所示。

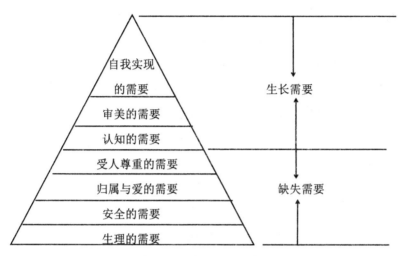

图 8-2　马斯洛需要层次理论

从下到上按低级到高级排布，前面四种为缺失需要，又称基本需要。这几种需要非常重要，必须得到满足才能进一步产生动机。后三种属于生长需要，也可以理解为精神需要，它可有可无，但是，后三种需要能让我们更好地生活。只有当基本需要得到满足时，生长需要才会出现，即只有解决了温饱问题，才有心思考虑提升自我能力。

在学校，若要学生有较高的动机去学习，则必须满足缺失需要，而尊重和关爱对学生而言是最重要的基本需要。大部分学生即使曾经有过较高的目标，为了不被伤自尊心，也会选择随大流。所以，教师要关注学生，至少让学生感觉到老师是公平、公正的并且是爱护和尊重学生的，这样才能调动学生的积极性，激发学生的创造力。

（三）成就动机理论

成就动机理论出现于 20 世纪 60 年代，成就动机理论的核心理念是尽最大的努力去完成有难度的任务。20 世纪 60 年代由阿特金森提出的成就动机理论影响较大，他认为人在追求成就时往往有两种倾向：一种是努力追求成功，另一种是努力避免失败。实践证明，试图追求成功的人更容易取得成功，因为追求成功的人成就动机更高，目标更明确，有着极强的斗志，当获得成功时会有自豪感，于是容易产生挑战下一个任务的倾向。而试图避免失败的人因为害怕自尊心受到伤害，所以选择的任务往往是比较容易的，当获得成功时存在侥幸的心理，如果失败了，学习者的成就动机会降得更低。所以，学习当中，教师应关注学生的状态，当学生获得成功时给予适当的鼓励，让学生朝着我们所期望的方向发展。此外还可以给成就动机高的学生学习难度稍高的任务，以激发他们的学习动机；对于成就动机较低的学生，可以给他们提供较容易的教学任务，教师给予适当的鼓励和帮助，以提高他们的学习动机。

由此可见，动机理论给我们的启示是：创设情境时分不同的层次进行设计，设置不同层次的学习任务，以满足不同层次学生学习的需要，以激发学生的学习动机；在任务进行过程中尽量提供多种机会让学生展现自己，从而提高学生的成就动机，激发学生的思维能力；当学生给出自己的答案时，我们应给予肯定或鼓励，以增强学生的学习动机。

第二节 任务驱动教学模式的实践

一、任务驱动教学模式与学生创新思维培养的相关性分析

任务驱动与创新思维有一定的相关性，主要体现在以下几方面。

1.创新思维从多角度、多方面来思考问题，在思考问题的过程中采用多种思路和方法去解决问题；任务驱动是一项多维互动式的教学模式，它倡导学生从多个维度去思考问题，采用多种方法去完成任务。所涉及的任务具有一定的开放性，适合发展学生的发散思维，它本身的多维互动式教学理念与创新思维的发散性具有相似之处。

2.创新思维的培养其本质就是要培养学生的独立思考、分析问题的能力；任务驱动教学模式通过创设探究式的任务，使学生处于积极学习的状态，每个学生都可以根据自己对知识的理解,运用所学的知识提出一套独特的方案。在这个过程中，学生不断获得成就感，求知欲望不断被激发，逐渐可形成独立思考、勇于探索的自学能力。

3.兴趣是最好的老师，创新思维的培养必须要以兴趣作为支撑点来开展教学活动。如果对所学的知识有较高的学习兴趣，学生在课堂上的学习动机就大，思维也会处于最佳的状态，从而更具创造力。任务驱动教学模式一般采用的案例是由浅入深、循序渐进的，且活动过程中充满了民主和个性，能让学生获得极大的成就感，能够大大提高学习效率和激发学生的学习兴趣。所以，任务驱动教学模式和创新思维有一定的相关性。

二、任务驱动教学模式与学生创新思维培养的可行性分析

学生创新思维的培养可以通过一些方法来实现，其中利用任务驱动教学模式就是培养创新思维的一种方式。教师通过在课堂中创设与学生经验相近的一些情境，引导学生灵活、流畅地运用知识去解决问题，促进学生创新思

维的提高。而发散思维、联想思维、逆向思维和质疑思维是创新思维的主要表现形式，所以在教学过程中笔者主要从以下几方面进行创新思维的培养。

（一）任务驱动教学模式对发散思维的培养分析

发散思维又称辐射思维，是一种不拘泥于已有形式且从多方面、多角度思考问题的方法。发散思维的好坏预示着一个人智力水平的高低，所以训练学生的发散思维极其重要。创新思维的启发阶段，需要从多角度进行问题的思考才能提出具有创新性的思路和方法。任务驱动具有一定的开放性，能为发散思维的培养提供一个广阔的平台。中学阶段的学生想象力极其丰富，对事物充满好奇心，对知识充满探究欲望。此时，我们可以结合设置的学习任务，特别是开放性的学习任务，鼓励学生从多个方面探索相关的答案，提出多种见解，从不同角度理解所学的知识，从而达到对创新思维的培养。教师也可给学生提供具有启发性的教学案例，让学生在此基础上进行举例，说出自己的不同观点。在这个过程中，学生不仅能够熟悉、读懂所呈现的知识，还能结合自己的所见所闻畅所欲言，充分挖掘学生的思维潜力。

（二）任务驱动教学模式对联想思维的培养分析

联想思维在人的思维活动中起着基础性的作用，是打开人脑记忆最简捷、最适宜的一把钥匙。联想思维是指在某种因素的诱导下，人脑记忆表象系统将不同事物进行联系的一种思维活动，往往可以根据事物的外部结构、属性等特点具有相似性而引发想象，进行延伸和对接。能够使人产生联想的特征很多，比如相似性、对比性、因果关系等。经过联想所产生的想法或念头具有一定的科学性，且能对事物产生积极影响，有利于活化思维空间，有利于信息的存储和检索。任务驱动教学模式可设定多个知识点，让学生围绕一个知识点进行相关知识的自由联想，从而活跃思维。

在进行任务驱动教学模式时，我们要引导学生往事物的积极方面进行思考，让学生在任务驱动教学模式所提供的学习平台上进行自由联想。在运用所学的知识解决实际问题的过程中，可以将不同的知识点串联起来。这样不仅能使学生快速掌握已学知识，还能帮助学生进行新旧知识的联系，形成系统的知识脉络,促使学生在完成学习任务过程中能够快速提取所学过的知识，提出具有创新特点的方案，从而达到创新知识的目的。

（三）任务驱动教学模式对逆向思维的培养分析

逆向思维是一种对常规或者已经成定论的事物反过来进行思考的一种思维方式，俗称"反其道而行"的一种思维方法。事物往往具有多面性，大部分的人只能看到其中的一方面，而忽视了事物的其他方面。利用逆向思维进行思考往往会获得出人意料的成果。波兰天文学家哥白尼推翻亚里士多德·托勒密的地球中心说、创立太阳中心说就是利用逆向思维获得成功的一个例子。培养学生的逆向思维就是要学生从相反的角度思考问题，尝试多种思路方法。任务驱动教学模式具有一定的自由性，学生有表达自己想法的机会。在备受关注的环境下，学生可以增强自信心，并且可以大胆地进行思考、大胆尝试，逆向思维也因此有了足够的发展空间。所以，在运用任务驱动教学模式进行教学时，我们不能制定某种标准去约束学生的思维，且要适当地引导学生尝试从相反的方向进行问题的思考。我们还要创设具有启发性的情境，让学生尝试一种方法不行时，学会寻找失败的原因，知道反过来思考问题，懂得换另一个方向去思考，寻找一条解决问题的新途径。

（四）任务驱动教学模式对质疑思维的培养分析

质疑思维是指在原有事物基础上进行假设性提问，探究事物本质属性的一种思维方法。巴甫洛夫曾说过"质疑思维是创新的前提，是探索的动力"。质疑思维具有一定的探索性，能带动学生进行知识的探索；还有一定的目标导向性，能引导学生围绕着设定的目标进行有价值的、高效的创新。任务驱动教学模式是一个探究式的教学活动，学生拥有学习的主动权。在探索过程中，学生可以进行自由的讨论，并且有勇气提出自己的疑问，在合作交流中使问题得以解决，学生的质疑思维得到充分的发展。

所以，在教学过程中，我们要以学生为主体，给学生提供轻松、民主的学习环境，让学生大胆说出自己的想法，经过思考后，也可以对别人的观点提出不同的看法。古人云："学贵多疑，小疑则小进，大疑则大进。"在不断质疑过程中，学生进行了独立的思考，从而培养了质疑思维。

参考资料

［1］刘知新．化学教育文选［M］．北京：高等教育出版社，2003．

［2］刘知新，王祖浩．化学教学系统论［M］．南宁：广西教育出版社，1996．

［3］何少华，毕华林．化学课程论［M］．南宁：广西教育出版社，1996．

［4］刘知新．中学化学［M］．济南：山东教育出版社，1999．

［5］吴俊明，王祖浩．化学学习论［M］．南宁：广西教育出版社，1996．

［6］郑长龙．化学课程与教学论［M］．长春：东北师范大学出版社，2005．

［7］郑长龙．初中化学新课程教学法［M］．长春：东北师范大学出版社，2004．

［8］王磊．科学学习与教学心理学基础［M］．西安：陕西师范大出版社，2002．

［9］毕华林，亓英丽．高中化学新课程教学论［M］．北京：高等教育出版社，2002．

［10］毕华林，刘冰．化学探究学习论［M］．济南：山东教育出版社，2004．

［11］毕华林．化学教育科研方法［M］．济南：山东教育出版社，2003．

［12］李广洲，任红艳．化学问题解决研究［M］．济南：山东教育出版社，2004．

［13］吴俊明，杨承印．化学教学论．西安：陕西师范大学出版社，2003．

［14］徐承波，吴俊明．化学教学设计与实践［M］．北京：民主与建设出版社，1998．

［15］裴新宁．化学课程与教学论［M］．杭州：浙江教育出版社，2003．

［16］阎立泽．化学教学论［M］．北京：科学出版社，2004．

［17］王克勤．化学教学论［M］．北京：科学出版社，2006．

［18］马宏佳．化学教学论［M］．南京：南京师范大学出版社，2000．

［19］范杰．化学教学论［M］．太原：山西科学技术出版社，2000．

［20］余俊鹏．中学化学教学情境创设的理论与实践［D］．福建师范大学，2003．

［21］刘坤．课堂文化视域中的生生互动研究［D］．南京师范大学，2007．

［22］朱慕菊．走进新课程[M]．北京：首都师范大学出版社，2002．

［23］刘知新．化学教学论［M］．北京：高等教育出版社，2009．

［24］孙菊如，周新雅等．学校教育科研[M]．北京：北京大学出版社，2007．

［25］顾明远．教育研究方法[M]．北京：人民教育出版社，2005．

［26］杨小微．教育研究的原理与方法[M]．上海：华东师范大学出版社，2002．